发现最好的自己

万虹 主编

吉林出版集团有限责任公司

图书在版编目（CIP）数据

发现最好的自己／万虹主编 .—长春：吉林出版
集团有限责任公司，2011.9
（心之语系列）
ISBN 978-7-5463-5781-2

Ⅰ.①发…　Ⅱ.①万…　Ⅲ.①成功心理-通俗读物
Ⅳ.①B848.4-49

中国版本图书馆 CIP 数据核字（2011）第 128975 号

发现最好的自己

作　　者	万　虹　主编	
责任编辑	孟迎红	
责任校对	赵　霞	
开　　本	710mm×1000mm　1/16	
字　　数	250 千字	
印　　张	14.5	
印　　数	1-5000 册	
版　　次	2011 年 9 月第 1 版	
印　　次	2018 年 2 月第 1 版第 2 次印刷	
出　　版	吉林出版集团股份有限公司	
发　　行	吉林音像出版社有限责任公司	
	吉林北方卡通漫画有限责任公司	
地　　址	长春市泰来街 1825 号	
	邮　编：130062	
电　　话	总编办：0431-86012906	
	发行科：0431-86012770	
印　　刷	北京龙跃印务有限公司	

ISBN 978-7-5463-5781-2　　　　　定价：39.80 元

代　序

多努力一次

　　一对从农村来城里打工的姐妹，几经周折才被一家礼品公司招聘为业务员。

　　她们没有固定的客户，也没有任何关系，每天只能提着沉重的钟表、影集、茶杯、台灯以及各种工艺品的样品，沿着城市的大街小巷去寻找买主。五个多月过去了，她们跑断了腿，磨破了嘴，仍然到处碰壁，连一个钥匙链也没有推销出去。

　　无数次的失望磨掉了妹妹最后的耐心，她向姐姐提出两个人一起辞职，重找出路。姐姐说，万事开头难，再坚持一阵，兴许下一次就有收获。妹妹不顾姐姐的挽留，毅然告别那家公司。

　　第二天，姐妹俩一同出门。妹妹按照招聘广告的指引到处找工作，姐姐依然提着样品四处寻找客户。那天晚上，两个人回到出租屋时却是两种心境：妹妹求职无功而返，姐姐却拿回来推销生涯的第一张订单。一家姐姐四次登门过的公司要招开一个大型会议，向她订购二百五十套精美的工艺品作为与会代表的纪念品，总价值二十多万元。姐姐因此拿到两万元的提成，淘到了打工的第一桶金。从此，姐姐的业绩不断攀升，订单一个接一个而来。

六年过去了，姐姐不仅拥有了汽车，还拥有一百多平方米的住房和自己的礼品公司。而妹妹的工作却走马灯似地换着，连穿衣吃饭都要靠姐姐资助。

妹妹向姐姐请教成功真谛。姐姐说："其实，我成功的全部秘诀就在于我比你多了一次努力。"

只相差一次努力啊，原本天赋相当机遇相同的姐妹俩，自此走上了迥然不同的人生之路。

不只是这位姐姐，多少业绩辉煌的知名人士，最初的成功也就源于"多了一次努力"。

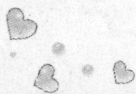

目　录

青年看到了第一缕曙光。他激动地大喊："我成功了，终于看到了太阳。可我要寻找的自我在哪里？"

这时，上苍温和地对他说："亲爱的孩子，这一路你曾经遇到过很多挑战，你都凭借自己的力量把它们战胜了。这就是你要寻找的东西，这就是真实的值得骄傲的自己。"

每个人都拥有属于自己的天空，有时阴霾，有时晴朗，有时风雨交加，有时大雪纷飞，但不管天气怎样，都不要因此关闭你城堡的大门，而错过了将要发生在你身上的幸福，错过了将要珍惜的人，即使他是这一生的过客，也要真心的区对待此时出现在你面前的人，给予他十足的热情，还有真心的一笑。

近年来，我开始有意识地储存细节，追求细节，也懂得珍爱细节。这一个个细节也成了我生活中的一页页教科书，使我懂得生命

的动人之处恰恰在于苦与乐、光与暗、得与失、受伤与复原戏剧性的交换，恰在于善与恶、美与丑的冲突。

那至善至美至真、缠绕着丝丝柔情的细节，是永不枯败的。它永存在你的精神中，直至生命之光消失。

行动有行动的结果，不行动也是一种行动，每个人的命运都存在于他自己的决定之中。必须对自己的生命负完全的责任，要让事情改变，先让自己改变；要让生活的外在世界变得更好，先让自己的内心世界变得更好。排除任何借口，从现在开始行动，去创造成功的机会。

在日常的生活中，我们往往见到有人乐观，有人悲观。为何会这样？其实，外在的世界并没有什么不同，只是个人内在的处世态度不同罢了。

要活得快乐，就必须先改变自己的态度。我想，这就是快乐的真谛吧！

所以你看，世界上没有什么不可以改变，美好、快乐的事情会改变，痛苦、烦恼的事情也会改变，曾经以为不可改变的事，许多年后，你就会发现，其实很多事情都改变了。而改变最多的，竟是自己。不变的，只是小孩子美好天真的愿望罢了！

第一辑　寻找自我

青年看到了第一缕曙光。他激动地大喊："我成功了，终于看到了太阳。可我要寻找的自我在哪里？"

这时，上苍温和地对他说："亲爱的孩子，这一路你曾经遇到过很多挑战，你都凭借自己的力量把它们战胜了。这就是你要寻找的东西，这就是真实的值得骄傲的自己。"

人生需要冒险

当时，电视尚未普及，刚处于起步阶段，所以人们很难接受它。

摩洛·易斯遇到了前所未有的困难，几乎所有人都认为他不会成功。

美国电视行业的先驱摩洛·易斯 19 岁时，跟随家人一起迁到纽约。很快，他就在一家广告公司谋到了一份差事，每周 14 美元的薪酬。那时摩洛·易斯经常跑外勤，工作非常忙碌，成天疯狂地工作。6 点下班以后，他还要到哥伦比亚大学上夜校，主修广告学。有时候，由于没完成工作，下课后他还会从学校赶回办公室继续完成工作，从晚上 11 点一直工作到第二天凌晨 2 点是经常现象。

20 岁时，他毅然放弃了广告公司颇有发展前景的工作，决心自己独闯一片天空。他开始了人生中的第一次冒险。他投身于未知的世界，从事创意的开发——主要是说服各大百货公司，通过 CBS 电视公司成为纽约交响乐节目的共同赞助商。当时，电视尚未普及，刚处于起步阶段，所以人们很难接受它。摩洛·路易斯遇到了前所未有的困难，几乎所有人都认为他不会成功。

摩洛·路易斯却仍旧信心百倍地进行说服工作。后来，工作有了相当进展：一方面，他的创意很受欢迎，他与很多家百货公司签成了合约；另一方面，他向 CBS 电台提出的策划案也被顺利接受。成功已近在咫尺了，但此事却由于合约存在的一些小问题而中途流产。

但这并没使他一蹶不振，就在这件事结束之后不久，一家公司聘请他担任纽约办事处新设销售业务部门的负责人，薪水也相当可观。于是，摩洛·路易斯在这里充分发挥自己的潜力，施展了自己的才华。

几年后，摩洛·路易斯又回到久别的广告业，担任承包华纳影片公司业务的汤普生智囊公司的副总经理，开始了他人生中的第二次冒险，投身电视界，而由他们公司所提供的多样化综艺节目也为 CBS 公司带来了空前的效益。

摩洛·路易斯的这次冒险并不是孤注一掷的，而是看准后才下赌注的。最初两年，他仅是纯义务性地在"在街上干杯"的节目中帮忙，没想到竟使该节目大受欢迎。它的播映从未间断过，这是在竞争激烈的电视界内的奇迹。

（佚名）

最大的幸福

他高高地抬起了头，像是个骄傲的快乐的人。因为他知道他已经尝到一些生活所能赐予人的最大的幸福。有很多人，可惜，连这一点也没有得到过。

最后一辆搬运车离去了；那位帽子上戴着黑纱的年轻房客还在空房子里徘徊，看看是否有什么东西遗漏了。没有，没有什么东西遗漏，没有什么了。他走到走廊上，决定再也不去回想他在这寓所中所遭遇的一切。但是在墙上，在电话机旁，有一张涂满字迹的小纸头。上面所记的字是好多种笔迹写的；有些很容易辨认，是用黑黑的墨水写的，有些是用黑、红和蓝铅笔草草写成的。这里记录了短短两年间全部美丽的罗曼史。他决心要忘却的一切都记录在这张纸上——半张小纸上的一段人生事迹。

他取下这张小纸。这是一张淡黄色有光泽的便条纸。他将它铺平在起居室的壁炉架上，俯下身去，开始读起来。

首先是她的名字：艾丽丝——他所知道的名字中最美丽的一个，因为这是他爱人的名字。旁边是一个电话号码，15，11——看起来像是教堂唱诗牌上圣诗的号码。

下面潦草地写着：银行，这里是他工作的所在，对他说来这神圣的工作意味着面包、住所和家庭——也就是生活的基础。有条粗粗的黑线划去了那电话号码，因为银行倒闭了，他在短时期的焦虑之后又找到了另一个工作。

接着是出租马车行和鲜花店，那时他们已订婚了，而且他手头很宽裕。

家具行，室内装饰商——这些人布置了他们这寓所。搬运车行——他们搬进来了。歌剧院售票处，50，50——他们新婚，星期日夜晚常去看歌剧。在那里度过的时光是最愉快的。他们静静地坐着，心灵沉醉在舞台上神话境域的美及和谐里。

接着是一个男子的名字（已经被划掉了），一个曾经飞黄腾达的朋友，但是由于事业兴隆冲昏了头脑，以致又潦倒到无可救药的地步，不得不远走他乡。荣华富贵不过是过眼烟云罢了。

现在这对新婚夫妇的生活中出现了一个新东西。一个女子的铅笔笔迹写的"修女"。什么修女？哦，那个穿着灰色长袍、有着亲切和蔼的面貌的人，她总是那么温柔地到来，不经过起居室，而直接从走廊进入卧室。她的名字下面是L医生。

名单上第一次出现了一位亲戚——母亲。这是他的岳母。她一直小心地躲开，不来打扰这新婚的一对。但现在她受到他们的邀请，很快乐地来了，因为他们需要她。

以后是红蓝铅笔写的项目。佣工介绍所，女仆走了，必须再找一个。药房——哼，情况开始不妙了。牛奶厂——订牛奶了，消毒牛奶。杂货铺，肉铺等等，家务事都得用电话办理了。是这家女主人不在了吗？不，她生产了。

下面的项目他已无法辨认，因为他眼前一切都模糊了，就像溺死的人透过海水看到的那样。这里用清楚的黑体字记载着：承办人。

在后面的括号里写着"埋葬事"。这已足以说明一切！——一个大的和一个小的棺材。

埋葬了，再也没有什么了。一切都归于泥土，这是一切肉体的归宿。

他拿起这淡黄色的小纸，吻了吻，仔细地将它折好，放进胸前的衣袋里。

在这两分钟里他重又度过了他一生中的两年。

但是他走出去时并不是垂头丧气的。相反地，他高高地抬起了头，像是个骄傲的快乐的人。因为他知道他已经尝到一些生活所能赐予人的最大的幸福。有很多人，可惜，连这一点也没有得到过。

（佚名）

石头里流出的大米

　　有一天夜里，他发现小屈原正从粮仓里往外背米，原来是屈原把自己家的米灌进了石头缝里——真相终于大白了。

　　屈原是中国古代著名的爱国主义诗人，有一颗忧国忧民的善良心肠。

　　小时侯，屈原就是一个有爱心的好孩子，街坊邻里都十分喜爱屈原。

　　屈原看见家乡的老百姓吃不饱，穿不暖，沿街乞讨，伤心地落下了眼泪。屈原总想能够帮助这些可怜的百姓。终于，经过深思熟虑之后，一条计策涌上屈原的心头。

　　一天，一件怪事发生了。屈原家门前的大石头缝里突然流出了雪白的大米。老百姓把米背回家，个个脸上乐开了花。

　　从此，一些百姓能够过上温饱的生活了。大家都不明白，石头缝里面为什么会平白无故冒出白花花的大米来。

　　过了一段时间之后，终于水落石出了。

　　屈原的爸爸发现自家粮仓中的大米越来越少，他很奇怪，并有心捉住那个"偷米贼"。有一天夜里，他发现小屈原正从粮仓里往外背米，原来是屈原把自己家的米灌进了石头缝里——真相终于大白了。

　　父亲没有责备善良的屈原，只是慢慢地对善良的儿子说："咱家的米救不了多少穷人，如果你长大后做了官，把我们管理好，天下的穷人不就有饭吃了吗?"屈原明白了其中的道理。

　　从此，屈原读书更用功了。后来，他终于成为了一个有学问的人。楚国国王看他很有才能，就让他当官，管理国家大事，屈原在任上为百姓做了很多好事，受到朝野上下一致好评。

　　　　　　　　　　　　　　　　　　　　　　　　　　　　（佚名）

意大利学生凡玛朵

脸上的每一个部位，连那个小雀斑仿佛都在宣布："不屑一听"，要不就是"嗤之以鼻"。她个子不高，却叫你永远感觉她在君临天下。

她的名字叫凡玛朵，大家叫她麻烦多。我叫她凡玛，省事。教她可是心分八瓣也不够使的。一个女孩子既不漂亮，又不文静。不漂亮也罢，爹妈给的。安稳点儿总可以吧，不，她几乎一刻也不停地给你制造麻烦。

她的调查表写着父亲是意大利籍，母亲是美国籍。住意大利，又在美国上学。得！无拘无束加傲气，她都有。你和她谈话，她用两个鼻孔对着你。头总是高昂着。她的鼻子翘翘着，周围像撒了茶叶末一样，长了一层小雀斑。脸上的每一个部位，连那个小雀斑仿佛都在宣布："不屑一听"，要不就是"嗤之以鼻"。她个子不高，却叫你永远感觉她在君临天下。

上课，学生守则的第一条，就是着装整齐。她穿一双50年代的木呱嗒板来了。坐下吧，还不。她"呱嗒呱嗒"走到大家眼前，抬起脚说明："看，比荷兰的木鞋科学。脚自由。"是呀！我小时也穿过，倒没注意它的宝贵。新鲜的视角！当然不能批评她啦。只是弄不清她从哪淘换来的？

过两天，她又来了新花样。仲夏三伏天，穿游泳衣在水里都热，我们的"麻烦多"竟穿了一件男人的中式对襟夹袄。紫蓝色的绸缎面上面是团形的寿字图案。我怀疑是从寿衣店买来的。一问，还真是。我埋怨卖衣服的人，怎么也不告诉人家，人家是外国学生。凡玛立即解释，老板告诉她了。那我就不明白了，凡玛，怎么活着，你就穿在身上了呢。凡玛朵不以为然，脸上的每个零件又都在炫耀：

"看我多美!"

凡玛朵说:"它是漂亮。死的、活的都是人。穿它非常漂亮。美啊!"凡玛朵眯起眼睛,大有陶醉之感。

想想看,你上课,眼前竟坐着这样一位美人,你有什么感觉?知道什么叫文化休克吗?我就差点休克。中国人关于死的忌讳是砌造了五千年的传统观念,叫我一堂课就跨越过去,那真是奇事。然而我也不知道我的哪根弦叫她牵动着,我竟然同意为她说情,允许她参加日本文教大学的语言实践课(旅游,我是陪同教师)。日本文教大学短期班都是女生,亚洲人,加一个欧洲人。领队说:

"羊群里出骆驼,而且她是猴骑骆驼——高去了。"

我只有开着玩笑宽慰他:人家个儿也不高呀,不过是群小毛鸭子中出了只小斗鸡。老有城府的领队给了我一队删节号"呵呵……"一上路,我就知道那删节号的丰富内涵了。

上车,宣布了旅游路线、活动时间、地点、旅馆名称、联系办法。我逐个发下日程表。没发到她那儿,小斗鸡就和我扞开了翅膀:

"为什么到洛阳不下车?洛阳是文化古城。"没办法,我带来的兵。自讨苦吃!我这么着,那么着一通安抚,总算无事。车过洛阳,--看窗外,我的心一下就悬到了嗓子眼。车启动了,站台上却还站着一个我的兵。凡玛跷着脚把一声"放心"从窗外扔给了我:

"放心——后天我去西安宾馆找您——Seeyouagain!"

这回轮到领队开导我了:"她找我啦。放心,她几万里都飞啦。"接着给了我一个"哼"字就闭上了嘴,但我分明读出:看您的宝贝弟子!就她事多。我行我素!

第三天,她赶到了。上帝保佑!我的心落了地。

参观完秦始皇陵,学生集合了,却不见领队,也不见凡玛。等了好一会儿,俩人来了。领队气呼呼地,凡玛喜气洋洋。一问,原来有个小贩把他卖煮山芋的小铁炉摆在了去秦始皇陵的砖道上。凡玛一定要他搬离砖道,他们这才过来。凡玛眉眼飞扬地向我炫耀:

"我胜了。山芋老板说我是狗拿耗子。哈，我是有责任的狗，我是优秀的狗。"说完，扭扭地走了。她那一扭一扭的背影都在✕明，她美得像得了个什么大奖似的。

无可奈何。凡玛的思维真是猴吃麻花——满拧。其实当时我并没明白凡玛和小贩争吵的原因，只觉得自己这个语言老师失职。

要进兵马俑博物馆，领队的弦拧得更紧了。他转达馆里要求："不准大声喧哗，不准拍照，违者罚款！"接着一番叮嘱。前脚说完，后脚进馆，忽然就有人大声的"oh! oh！"起来。大概因为在大厅中有回声，那声音大得简直叫你震惊。领队急忙召唤我："又是您的'麻烦多'！快看看去！"

"Oh! oh! great! wonderful! (伟大！奇妙！) unimaginable! (不可思议)"看着，看着，她竟然忘情地"咔嚓咔嚓"地照起相来。我忙制止她，但晚了。一个保安气势汹汹赶来，一把按住凡玛的照相机。

保安说这是规定，没办法。凡玛不说话，更不求情。她慢慢打开相机取出胶卷盒，我以为她要交出胶卷。谁知她"啪"的一下交到保安手中的是相机。胶卷，她先举到保安眼前，然后放到自己的胸衣里。哈！鬼精灵。这回她说得可是很温柔：

"回去我要说中国！我要展览中国！非常非常的惊奇。对不起，胶卷给我留下吧，相机你罚去。Sir！"我的心感动了。我想保安也一定和我一样：心暖暖的，保安，这个陕西大汉似乎有着女人心肠，看来是笨嘴拙舌。他只瓮声瓮气地说：

"都给你，都给你。展览吧，展览吧。"走了。

那天一直到回饭店，我都很不平静，为自己祖先磅礴壮观的伟大杰作，为我中华文化的魅力，当然也为我那个浑身带棱带角的弟子。然而，没有一会儿，领队气呼呼来了：

"您的大弟子这回不但自己又颠儿了，还拉走五个。去小吃街了。多专亏纯子报个信。饭都订了。您看费事不。"

等吧，十一点回来了。个个吃得油光焕发。六个孩子争着告诉我，她们吃了什么。羊肉泡馍、刀削面、拉皮儿、辣羊蹄……我的意大利弟子手提一

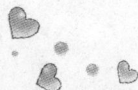

个血灌肠。她把那肠儿在我眼前晃呀晃，请我吃：

"老师，最科学的食品。马可·波罗的书上就说，中国饮食文化是最神秘的。"其实我早已看出了，我的弟子想说的是："为什么不安排吃西安的风味小吃?"果然，她要求明天补课。

我早听说，灌肠的血都是生吃的，真不敢恭维。顺便我说了食品卫生呀，带队的责任呀。但小姑娘的脸在发红，鼻子周围的雀斑在变深。我知道她心里又在冒刺。

她说："吃生食是人的本性。"

老师说："吃熟食是人类从蛮荒到文明的进步。"

她说："但人类的文明使人的本能在退化。"

是，深刻。我同意她说的，但到大街的小吃课不能补。

小姑娘一扭一扭，昂着头带着一百个不满意走了。临走又给我留下一句："自己民族的文化还不歌颂。"我笑了，还挺能上纲上线。

我喜欢上了这个做什么都铿锵有声的小钢豌豆。她对我祖国的这份真情，我真的感动。可是我们很快就要分手了。

在上海，日本学生飞回国了，我也要返回学校。凡玛朵却要返回西安看她没有看够的中国古代，然后还要去看神秘中国的神秘西藏。我真遗憾，还有课，真想同她一起去。

我该走了。没有想到，这个浑身长刺的弟子，这个头上长角的弟子凡玛朵给我提着包，送我进站，送我上车。紧紧地紧紧地拥抱我，我甚至感到她的体温。她咬着嘴唇，强忍着眼泪塞给我一个纸包。

我的车开了。

坐定，打开纸包，一张小纸条烫着我的心："老师你是真心，I love you!"

纸条的下面是一个做工精美的小镜框。那里镶着的不是她给我的照片，而是画的一张彩笔漫画。那是我。额头上的头发卷成一个圈儿。一张圆脸上，三个大圈：眼吃惊得变成两个大圈儿；嘴惊奇得张成一个更大的圈儿。呀！那原来就是我呀！家门、校门、国门刚挤开时的我。

小镜框的另一面还是一张彩笔漫画：那是她。鼻子周围点着一群小黑点儿。一张脸上还是三个惊讶得大得没法再大的圈儿。那就是她，第一次来到神秘中国的意大利留学生——凡玛朵。

（佚名）

管鲍之交

东周时期，管仲和鲍叔牙都是齐国著名良相、政治家，两人自幼相处，情同手足。

东周时期，管仲和鲍叔牙都是齐国著名良相、政治家，两人自幼相处，情同手足。皆因家境贫寒，从事小本买卖养家糊口。因为管仲家境贫寒就出资少些，鲍叔牙出资多些。生意做的还不错，可是有人发现管仲用挣的钱先私自还了自己欠的一些债，更可气的是到年底分红时，鲍叔牙分给他一半的红利，他也接受了。这可把鲍叔牙手下的人气坏了，有个人对鲍叔牙说，他出资少，平时他开销又大，年底还照样和您平分效益，显然他是个十分贪财的人。

鲍叔牙斥责他手下道：你们满脑子里装的都是钱，就没发现管仲的家里十分困难吗？他比我更需要钱，我和他合伙做生意就是想要帮帮他，我情愿这样做，此事你们以后不要再提了。后来这哥俩又一起充了军，二人更是相依为命。

当时，齐国的王子们为了争夺王位，爆发了内乱。管仲被任命辅佐公子纠，而鲍叔牙却被任命辅佐公子小白。因为两位公子的哥哥襄公无道，两位公子被逼流亡出走，管仲和鲍叔牙自然要各随其主，管仲和纠逃到鲁国，鲍叔牙和小白逃到莒国。

内乱平息后，公子纠和公子小白回到齐国开始夺权登位，管鲍二人自然又要各为其主。最终，小白率先回到齐国，他就是齐桓公。

鲍叔牙帮公子小白登上王位又帮他杀了公子纠，齐桓公感念他的忠心和所立的大功，要任命他作国相，没想到鲍叔牙怎么也不肯接受，并推荐管仲担任这个职位。

管仲很感激好友鲍叔牙，更对齐桓公的大度和睿智所折服，决心鞠躬尽瘁、竭尽全力报效齐桓公，他积极改革内政，发展经济，使齐国在几年内就兴盛起来，获得了"九合诸侯，一匡天下"的地位，成就了齐桓公的霸业。

然而令人不解的是，在管仲任命重臣大员时，从来没有提携过鲍叔牙。鲍叔牙在齐国的政坛上也不太得意。更匪夷所思的是，管仲在临死前，再三嘱咐齐桓公不能让鲍叔牙继承相位。其实管仲并不是妒贤疾能，因为他能报答鲍叔牙的，就是不让鲍叔牙继承相位。因为他深知，只要他一死，齐国就会衰落，而鲍叔牙也会随之死于非命。

果然，在管仲死后的第二年，齐桓公也死了。他的五个儿子开始争夺王位，相互攻杀。齐桓公的尸体在床上躺了六十七天，蛆虫遍体也无人过问。而鲍叔牙则幸免于难，全身而退逍遥事外。

（佚名）

卖 米

　　我不由心里一紧，心疼起父亲来。从家里到城里足足有三十多里山路呢，他挑着那么重的担子走着去，该多么辛苦！

天刚蒙蒙亮，母亲就把我叫起来了："琼宝，今天是这里的场，我们担点米到场上卖了，好弄点钱给你爹买药。"我迷迷糊糊睁开双眼，看看窗外，日头还没出来呢。我实在太困，又在床上赖了一会儿。

　　隔壁传来父亲的咳嗽声，母亲在厨房忙活着，饭菜的香气混合着淡淡的油烟味飘过来，慢慢驱散了我的睡意。我坐起来，穿好衣服，开始铺床。

　　"姐，我也跟你们一起去赶场好不好？你买冰棍给我吃！"弟弟顶着一头睡得乱蓬蓬的头发跑到我房里来。"毅宝，你不能去，你留在家里放水。"隔壁传来父亲的声音，夹杂着几声咳嗽。弟弟有些不情愿地冲隔壁说："爹，天气这么热，你自己昨天才中了暑，今天又叫我去，就不怕我也中暑！"

　　"人怕热，庄稼不怕？都不去放水，地都干了，禾都死了，一家人喝西北风去？"父亲一动气，咳嗽得越发厉害了。弟弟冲我吐吐舌头，扮了个鬼脸，就到父亲房里去了。只听见父亲开始叮嘱他怎么放水，去哪个塘里引水，先放哪丘田，哪几个地方要格外留神别人来截水，等等。

　　吃过饭，弟弟就找着父亲常用的那把锄头出去了。我和母亲开始往谷箩里装米，装完后先称了一下，一担八十多斤，一担六十多斤。

　　我说："妈，我挑重的那担吧。""你学生妹子，肩膀嫩，还是我来。"母亲说着，一弯腰，把那担重的挑起来了。我挑起那担轻的，跟着母亲出了门。

　　"路上小心点！咱们家的米好，别便宜卖了！"父亲披着衣服站在门口嘱咐道。

　　"知道了。你快回床上躺着吧。"母亲艰难地把头从扁担旁边扭过来，吩咐道，"饭菜在锅里，中午你叫毅宝热一下吃！"

　　赶场的地方离我家大约有四里路，我和母亲挑着米，在窄窄的田间小路上走走停停，足足走了一个钟头才到。场上的人已经不少了，我们赶紧找了一块空地，把担子放下来，把扁担放在地上，两个人坐在扁担上，拿草帽扇着。一大早就这么热，中午就更不得了，我不由得替弟弟担心起来。他去放水，是要在外头晒上一整天的。

　　我往四周看了看，发现场上有许多人卖米，莫非他们都等着用钱？场上的人大都眼熟，都是附近十里八里的乡亲，人家也是种田的，谁会来买米呢？

我问母亲，母亲说："有专门的米贩子会来收米的。他们开了车到乡下来赶场，收了米，拉到城里去卖，能挣好些哩。"我说："凭什么都给他们挣？我们也拉到城里去卖好了！"其实自己也知道不过是气话。

果然，母亲说："咱们这么一点米，又没车，真弄到城里去卖，挣的钱还不够路费呢！早先你爹身体好的时候，自己挑着一百来斤米进城去卖，隔几天去一趟，倒比较划算一点。"我不由心里一紧，心疼起父亲来。从家里到城里足足有三十多里山路呢，他挑着那么重的担子走着去，该多么辛苦！就为了多挣那几个钱，把人累成这样，多不值啊！但又有什么办法呢？家里除了种地，也没别的收入，不卖米，拿什么钱供我和弟弟上学？

我想着这些，心里一阵阵难过起来。看看旁边的母亲，头发有些斑白了，黑黝黝的脸上爬上了好多皱纹，脑门上密密麻麻都是汗珠，眼睛有些红肿。

"妈，你喝点水。"我把水壶递过去，拿草帽替她扇着。

米贩子们终于开着车来了。他们四处看着卖米的人，走过去仔细看米的成色，还把手插进米里，抓上一把米细看。"一块零五。"米贩子开价了。卖米的似乎嫌太低，想讨价还价。"不还价，一口价，爱卖不卖！"米贩子态度很强硬，毕竟，满场都是卖米的人，只有他们是买家，不趁机压价，更待何时？

母亲注意着那边的情形说："一块零五？也太便宜了。上场还卖到一块一呢。"正说着，有个米贩子朝我们这边走过来了。他把手插进大米里，抓了一把出来，迎着阳光细看着。

"这米好咧！又白又匀净，又筛得干净，一点沙子也没有！"母亲堆着笑，语气里有几分自豪。的确，我家的米比场上其他人卖的米都好。那人点了点头，说："米是好米，不过这几天城里跌价，再好的米也卖不出好价钱来。一块零五，卖不卖？"

母亲摇摇头："这也太便宜了吧？上场还卖一块一呢。再说，你是识货的，一分钱一分货，我这米肯定好过别家的！"那人又看了看米，犹豫了一下，说："本来都是一口价，不许还的，看你们家米好，我加点，一块零八，怎么样？"母亲还是摇头："不行，我们家这米，少说也要卖到一块一。你再加点？"

那人冷笑一声，说："今天肯定卖不出一块一的行情，我出一块零八你不卖，等会散场的时候你一块零五都卖不出去！""卖不出去，我们再担回家！"那人的态度激恼了母亲。"那你就等着担回家吧。"那人冷笑着，丢下这句话走了。

我在旁边听着，心里算着：一块零八到一块一，每斤才差两分钱。这里一共150斤米，总共也就三块钱的事情，路这么远，何必再挑回去呢？我的肩膀还在痛呢。我轻轻对母亲说："妈，一块零八就一块零八吧，反正也就三块钱的事。再说，还等着钱给爹买药呢。"

"那哪行？"母亲似乎有些生气了，"三块钱不是钱？再说了，也不光是几块钱的事，做生意也得讲点良心，咱们辛辛苦苦种出来的米，质量也好，哪能这么贱卖了？"

我不敢再说。我知道种田有多么累。光说夏天放水，不就把爹给病倒了？弟弟也才十一二岁的毛孩子，还不得找着锄头去放水！毕竟，这是一家人的生计啊！

又有几个米贩子过来了，他们也都只出一块零五。有一两个出到一块零八，也不肯再加。母亲仍然不肯卖。

看看人渐渐少了，我有些着急了。母亲一定也很心急吧，我想。"妈，你去那边树下凉快一下吧！"我说。母亲一边擦汗，一边摇头："不行。我走开了，来人买米怎么办？你又不会还价！"我有些惭愧。"百无一用是书生"，虽然在学校里功课好，但这些事情上就比母亲差远了。

又有好些人来买米，因为我家的米实在是好，大家都过来看，但谁也不肯出到一块一。

看看日头到头顶上了，我觉得肚子饿了，便拿出带来的饭菜和母亲一起吃起来。母亲吃了两口就不吃了，我知道她是担心米卖不出去，心里着急。

母亲叹了口气："还不知道卖得掉卖不掉呢。"

我趁机说："不然就便宜点卖好了。"

母亲说："我心里有数。"

下午人更少了，日头又毒，谁愿意在场上晒着呢。看看母亲，衣服都粘在背上了，黝黑的脸上也透出晒红的印迹来。"妈，我替你看着，你去溪里泡泡去。"母亲还是摇头："不行，我有风湿，不能在凉水里泡。你怕热，去那边树底下躲躲好了。"

"不用，我不怕晒。""那你去买根冰棍吃好了。"母亲说着，从兜里掏出两毛钱零钱来。我最喜欢吃冰棍了，尤其是那种叫"葡萄冰"的最好吃，也不贵，两毛钱一根。但我今天突然不想吃了："妈，我不吃，喝水就行。"

最热的时候也过去了，转眼快散场了。卖杂货的小贩开始降价甩卖，卖菜，卖西瓜的也都吆喝着："散场了，便宜卖了！"

我四处看看，场上已经没有几个卖米的了，大部分人已经卖完回去了。母亲也着急起来，一着急，汗就出得越多了。终于有个米贩子过来了："这米卖不卖？一块零五，不讲价！"母亲说："你看我这米，多好！上场还卖一块一呢……"不等母亲说完，那人就不耐烦地说："行情不同了！想卖一块一，你就等着往回担吧！"奇怪的是，母亲没有生气，反而堆着笑说："那，一块零八，你要不要？"

那人从鼻子里哼了一声，说："你这个价钱，不是开场的时候也难得卖出去，现在都散场了，谁买？做梦吧！"母亲的脸一下子白了，动着嘴唇，但什么也没说。一旁的我忍不住插嘴了："不买就不买，谁稀罕？不买你就别站在这里挡道！""哟，大妹子，你别这么大火气。"那人冷笑着说，"留着点气力等会把米担回去吧！"

等那人走了，我忍不住埋怨母亲："开场的时候人家出一块零八你不卖，这会好了，人家还不愿意买了！"母亲似乎有些惭愧，但并不肯认错："本来嘛，一分钱一分货，米是好米，哪能贱卖了？出门的时候你爹不还叮嘱叫卖个好价钱？""你还说爹呢！他病在家里，指着这米换钱买药治病！人要紧还是钱要紧？"母亲似乎没有话说了，等了一会儿，低声说："一会儿人家出一块零五也卖了吧。"

可是再没有人来买米了，米贩子把买来的米装上车，开走了。散场了，我和母亲晒了一天，一颗米也没卖出去。

"妈，走吧，回去吧，别愣在那儿了。"我收拾好毛巾、水壶、饭盒，催促道。母亲迟疑着，终于起了身。"妈，我来挑重的。""你学生妹子，肩膀嫩……"不等母亲说完，我已经把那担重的挑起来了。母亲也没有再说什么，挑起那担轻的跟在我后面，踏上了回家的路。

肩上的担子好沉，我只觉得压着一座山似的。突然脚下一滑，我差点摔倒。我赶紧把剩下的力气都用到腿上，好容易站稳了，但肩上的担子还是倾斜了一下，洒了好多米出来。

"啊，怎么搞的？"母亲也放下担子走过来，嘴里说，"我叫你不要挑这么重的，你偏不听，这不是洒了。多可惜！真是败家精！"败家精是母亲的口头禅，我和弟弟干了什么坏事她总是这么数落我们。但今天我觉得格外委屈，也不知道为什么。

"你在这等会儿，我回家去拿个簸箕来把地上的米扫进去。浪费了多可惜！拿回去可以喂鸡呢！"母亲也不问我扭伤没有，只顾心疼洒了的米。我知道母亲的脾气，她向来是"刀子嘴，豆腐心"的，虽然也心疼我，嘴里却非要骂我几句。想到这些，我也不委屈了。"妈，你回去还要来回走个六七里路呢，时候也不早了。"我说。

"那地上的米怎么办？"

我灵机一动，把头上的草帽摘下来："装在这里面好了。"

母亲笑了："还是你脑子活，学生妹子，机灵。"

说着，我们便蹲下身子，用手把洒落在地上的米捧起来，放在草帽里，然后把草帽顶朝下放在谷箩里，便挑着米继续往家赶。

回到家里，弟弟已经回来了，母亲便忙着做晚饭，我跟父亲报告卖米的经过。父亲听了，也没抱怨母亲，只说："那些米贩子也太黑了，城里都卖一块五呢，把价压这么低！这么挣庄稼人的血汗钱，太没良心了！"

我说："爹，也没给你买药，怎么办？"

父亲说："我本来就说不必买药的嘛，过两天就好了，花那个冤枉钱做什么！"晚上，父亲咳嗽得更厉害了。母亲对我说："琼宝，明天是转步的场，咱们辛苦一点，把米挑到那边场上去卖了，好给你爹买药。"

"转步？那多远，十几里路呢！"我想到那漫长的山路，不由有些

发怵。

"明天你们少担点米去。每人担 50 斤就够了。"父亲说。

"那明天可不要再卖不掉担回来哦！"我说，"十几里山路走个来回，还挑着担子，可不是说着玩的！"

"不会了不会了。"母亲说，"明天一块零八也好，一块零五也好，总之都卖了！"母亲的话里有许多辛酸和无奈的意思，我听得出来，但不知道怎么安慰她。我自己心里也很难过，有点想哭。我想，别让母亲看见了，要哭就躲到被子里哭去吧。

可我实在太累啦，头刚刚挨到枕头就睡着了，睡得又香又甜。

（佚名）

今夜没人来开车

　　从那天开始，由这一站上车的人，走得更亲近了。大家对那对"曾经失踪的夫妇"尤其关心，都说他们是死而复生的，都不再称他们的名字，而叫他们"奇迹"！

　　在这个长岛火车站的停车场，每天早上总是停满车子，每天晚上又总是空空荡荡。因为许多在纽约曼哈顿上班的人，早晨都从家里先开车到车站，搭火车进城，下班再搭火车回到这个车站，开车回家。

　　火车的班次多，不堵车，不误点。附近的上班族，几乎已经没有人再自己开车进城了，也由于每天总是同一批人，在同一时间，搭同一班车，彼此虽不一定知道名字，但都有了熟识的感觉，偶尔也说说笑话，聊聊天。但在"9·11"这天，在回长岛的火车上，不再有人说笑。每个人都板着一张脸，熟人见面只是点个头，就又把脸朝向窗外。

车子也比较空了，有些人在世贸中心倒塌之后，吓得提前回了家。有些人被困在城里，无法搭上车。当然，也有些人再也回不了家。

停车场上，车子一辆辆开走了，但是不像往日变得空空荡荡。直到深夜12点，仍有七八辆车停在那儿，没有动。

第二天早晨，有些车子驶来，跳下人，红着眼睛，把原来停在那儿的车开走，正好碰上许多人停下车子，准备去上班。彼此讲几句话，就抱在一起哭了。

这天深夜，场上剩下三辆车子。过两天，只剩下一辆了。这辆车一直停在那儿，一天又一天。

火车上有人开始提到那辆车，有人说好像是一对夫妇的；也有人见证："听他们两口子说，是在世贸中心上班。"更有人叹息："他们好像没有孩子，也没有亲人。不然也不会没人来领车子。"

据说单单在这个火车站，就死了八个老乘客，不是会计师、投资分析师，就是电脑工程师。还有三个属于同一家保险公司，在第一栋被撞的一百层楼上班，一下子全死了。

失事已经一个多礼拜了。附近的教堂，每天都有葬礼，花店忙着四处送慰问的鲜花。也有许多花被送到停车场，就放在那辆空车的旁边。

花愈送愈多了，还有些上班族，直接在下班时，把花带到停车场，静静地摆在那车前，再默祷一阵离开。有人在车上贴了追思的文字、哀悼的诗，有人在地上放置了白色的蜡烛。

深夜，从远处望去，只见一片空空荡荡的停车场上，亮着一圈又一圈的烛光。这一天是周末，许多人约好在那车子旁边，做个小小的追思。大家手牵着手，围着车子，一起唱圣歌。

"你们在干嘛？"突然有人快步地跑来问。"嘘———"人们低着头，有人小声说："追思我们死难的朋友。""死难？"跑来的两个人叫了起来："我们没死啊！"

大家一齐转头，嘴巴一起张得大大的，有个女人甚至尖叫起来："是……是你们……"

"是啊！我们正好家里有急事，赶去加州。出事之后，飞机又停飞，所

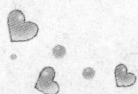

以直到今天才能回来。我们没死，我们正好躲过一劫。"大家全怔住了，十几秒钟没人说话。"奇迹！"终于有人叫了起来："这不是奇迹吗？"接着过去，把那对夫妇一起紧紧地抱着。其他人像从梦中惊醒，也都喊着"感谢上帝！"冲过去，与他们紧紧拥抱。那对夫妇突然哭了："我们才搬来不久，平常在车上很少跟大家说话。真没想到，你们这么关心我们、爱我们……"

从那天开始，由这一站上车的人，走得更亲近了。大家对那对"曾经失踪的夫妇"尤其关心，都说他们是死而复生的，都不再称他们的名字，而叫他们"奇迹"！

（佚名）

诚信高于生命

巴伦支船长悲痛万分。尽管如此，他们却丝毫未动别人委托给他们捎走的货物——足以挽救他们生命的衣物、罐装食物和药品。

巴伦支是 16 世纪荷兰的一个商人，16 世纪末，为了避开激烈的海上贸易竞争，巴伦支率领 17 名船员出航，他的目的是从荷兰往北开辟一条新的到达亚洲的航行路线。不久，船行驶到了北极圈内的一个小岛上。

船行驶在北极区域是非常危险的，巴伦支很想快速行驶过去，但是担心的事情还是发生了。一天清晨，船员们突然发现海面出现了大量的浮冰，船随时有被冰封的危险。如果这个时候反航，后面的路程可以浮冰更多，他们只能把船停泊在岛屿旁边，等待天气转暖。

北极是地球上最寒冷的区域之一，气温只有零下 40~50 摄氏度，暖和的天气屈指可数，这里几乎每天都有暴风雪，冰冷刺骨、凶猛异常。恶劣的天气和岛上数米厚的积雪使北极圈内鲜有人居住。而巴伦支和他的船员们却在这种恶劣的条件下整整度过了 8 个月的时期。

为了抵御寒冷，巴伦支拆掉了船上的甲板做燃料，用来保持体温；平时打一些北极熊等猎物来获取食物和衣服，当然这里的动物也是非常少的。这期间，有 8 名船员因身体虚弱相继死去了，巴伦支船长悲痛万分。尽管如此，他们却丝毫未动别人委托给他们捎走的货物——足以挽救他们生命的衣物、罐装食物和药品。

终于，巴伦支船长和其他 9 名船员等到了海上的冰雪溶化。他们加速行进，最终把货物完好无损地带回了荷兰，交送到了委托人手中。当委托人看到这些货品时，他们震惊了，无不佩服巴伦支的信誉和诚意。此事轰动了整个欧洲，同时给整个荷兰带来了利润——赢得了海运贸易的世界市场。

在当时，荷兰只是一个很小的国家，陆地总面积 4.15 万平方公里，荷兰人口也只有 150 万，他们的各种能源和资源也十分贫乏，人们过着极为坚苦的生活。可是由于赢得了海运贸易的世界市场，这个曾被西班牙国王宣布为西班牙神圣不可分割的一部分，又不得不将自己的国家托付给英国女王伊丽莎白一世保护的荷兰，最终于 16 世纪末拥有了属于自己的国家，并开始崛起在世界民族之林，成为海上贸易最大的赢家之一。

从那以后，荷兰几乎垄断了全欧洲的海运贸易，甚至发展到了地球的每一个角落，成为整个世界的经济中心和最富庶的地区。现在的荷兰经济也在世界上名列前茅，国内生产总值排名在世界前 15 位之内，人均收入达 2 万美元，被权威经济研究机构认定为全球国际竞争力排行第一位。而这一切，正源于巴伦支船队的壮举，源于他们忠于诚信的精神和商业法则。

（佚名）

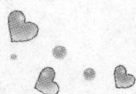

二 姐

她说她已经得到了最好的财产，那就是你大伯伯母的爱和父母的爱，她得到了双份的爱，还有比这更珍贵的财产吗……

二姐在我们家的地位很特殊。她是我们家的人，却只在家里呆过6年，6年之后，她被大伯领走，做了人家的女儿。

大伯不能生育，于是和父亲说想要他的一个孩子，父亲和母亲商量了一下就同意了。

4个孩子，大哥、二姐、我和小弟，两个女孩儿两个男孩儿，父母当然考虑是把一个女孩送出去，他们首先考虑的是我，因为那时我4岁，小一些更容易收养。但我哭我闹，我说不要别人做我的爹妈，4岁的我已经知道和父母斗争。父母问二姐要不要去？二姐说："我去吧。"那时她只有6岁。

这一去，我们的命运就是天壤之别。我家在北京，而大伯家在河北的一个小城，我去过那个小城，偏僻、贫穷、萧条，风沙大，脏乱差，而大伯不过是个化肥厂的工人，伯母是纺织厂的女工，家庭条件可想而知。二姐走的时候还觉不出差异，但30年之后，北京和那个小城简直是不能相提并论了。

二姐从此离了家，她做了大伯的女儿，管大伯、伯母叫爸爸妈妈，管自己的亲生父母叫二叔二婶。二姐走后的好长一段时间，母亲总是躲在某个角落里偷偷流泪。是啊，二姐也是母亲身上掉下来的肉，她一个小孩子远离亲生父母到一个陌生地方去受苦，想起来怎么能不让人心疼呢。实在想得不行，母亲总会隔三岔五去小城看看二姐。二姐过年过节偶尔也会回来看我们。离别，不仅仅是母亲，我们兄弟妹也跟着泪水涟涟，真的舍不得二姐走啊。可这个曾经的她温暖的家已不再是她的家，她的家在那个贫苦的小城，她不走不行啊。好在我们还算听话，母亲在儿女双全的幸福中念叨二姐的次数渐渐少了。十几年之后，因为工作忙加上心灵上的那种疏远，二姐和我们仿佛隔了山和海了。

再见到二姐，是她没考上大学。大伯带着她来北京想办法，是复读还是上班？

父母的态度很模糊，二姐是没有北京户口了，大哥因为有北京户口，很轻易就上了北京外国语学院，虽然二姐考的分数并不低，但在河北，却连三流的大学也上不了。父亲说："来北京复读也不是很方便，不如就找个班上吧。"母亲也在一边说："按说，我们应该把二丫头接到北京来读书的，可是，我们现在也没有这个能力啊。如果回去后一时找不到工作，我们再一同想办法。"虽然大伯心中多少有些不快，但他还是很理解父母的难处，便说："是啊，大家都有难处，只是怕误了二丫头一辈子呢！"

二姐再来我们家时，已长成大姑娘了。可她的头发黄，人瘦而黑，好像与我们不是一母所生。她穿衣服很乱，总是花花绿绿的，因为新，就更显出神态的局促来，而我们那时已经穿很时尚的牛仔裤了。母亲总是无限伤感地叹息："唉！苦命的孩子啊。如果当时不把你二姐送出去，她今天怎么也不会成这个样子。同是一母所生，命运竟是如此截然不同，我这辈子恐怕最愧对的就是你二姐了……"母亲每说起二姐，便会情不自禁地落泪。

可是二姐始终说伯父伯母是天下最好的父母亲。她和大伯伯母一起来的时候，总给人"刘姥姥进大观园"的感觉，好像什么也没见过。可她对伯父伯母的爱戴和孝顺很让人感动。大伯有一次兴冲冲地从外面回来，手里拿着一个头花，他说花了5块钱在楼下买的，二姐就喜欢得什么似的。我心里一动，长到16岁，父亲从没有给我买过头花什么的，他这时候已是政界要员，一天到晚嘴里挂着的全是政治。只有母亲在这个时候给二姐买许多新衣服、食品之类的东西，想必是母亲对女儿的最好补偿吧。

那次之后，二姐直到结婚才又来。

二姐22岁就结了婚。19岁她参加了工作，在大伯那家化肥厂上班，每天三班倒，工作辛苦工资却不高。后来，经人介绍，嫁给了单位的司机，她

带着那个司机、我所谓的姐夫来我家时，我已经在北京大学上大二了，当我看到她穿得花团锦簇带着一个脏兮兮的男人坐在客厅时，我打了一声招呼就回了自己的房间。

那时我已经在联系出国的事宜，可我的二姐却嫁为人妇了。说实话，因为经历不同、所处环境不同，二姐说话办事、风度气质、言谈举止与我们有天壤之别，我从心底里看不起二姐，认为她是乡下人。大哥去了澳大利亚，小弟在北京师范大学上大一，只有她在一家化肥厂上班，还嫁了一个看起来那么恶俗的司机。我和小弟对她的态度更加恶劣，好像二姐的到来是我们的耻辱，因此，我们动不动就给她脸色看，二姐却显得非常宽容，根本不与我们计较，依然把我们叫得亲甜。

二姐不会吃西餐，二姐不知道微波炉是做什么用的，二姐不爱吃香辣蟹，让她点菜，她只会点一个鱼香肉丝，而且一直说，好吃好吃，北京的鱼香肉丝比家里做的要好吃。

这就是我的二姐，一个已经让我们感觉羞愧的乡下女人。

几年之后，她下了岗，孩子才5岁。大伯去世，她和伯母一起生活，二姐夫开始赌钱，两口子经常吵架，这些都是伯母打电话来说的。而她告诉我们的是：放心吧，我在这里过得好着呢，上班一个月六百多，有根对我也好。有根是我的二姐夫。

大哥在澳大利亚结了婚，一个月不来一次电话，我办了去美国的手续，小弟也说要去新加坡留学，留在父母身边的人居然是二姐了。

不久，大哥在澳大利亚有了孩子，想请个人过去给他带孩子，那时父母的身体都不太好，于是大哥打电话给二姐，请她帮忙。二姐二话没说就去了澳大利亚，这一去就是两年。后来大哥说，在我最困难的时候，是二妹帮了我啊！

但我一直觉得大家还是看不起二姐，她文化不高，又下了岗，况且说着那个小城的土话，虽然我们表面上和她也很亲热，但心里的隔阂并不是轻易就能去掉的。我去了美国、小弟去了新加坡之后，伯母也去世了，于是她来到父母身边照顾父母。

偶尔我给大哥和小弟打电话，电话中大哥和小弟言语间流露出很多微词。

小弟说："她为什么要回北京？你想想，咱爸咱妈一辈子得攒多少钱啊？她肯定有想法！"说实话，我也是这么想的，她肯定是为财产去的，她在那个小城一个月死做活做五六百元，而到了父母那里就是几千块啊，我们往家里打电话越业越少了，直到有一天母亲打电话来说，父亲不行了。

我们赶到家的时候才发现父亲一年前就中风了，但二姐阻拦了母亲不让她告诉我们，说是会因此分心而影响我们的事业。这一年，是二姐衣不解带地伺候父亲。母亲泣不成声地说："苦了你二姐啊，如果不是她，你爸爸怎能活到今天……"我看了一眼二姐，她又瘦了，而且头上居然有了白发，但我转念一想，说不定她是为财产而来的呢！

当母亲还要夸二姐时，我心浮气躁地说："行了行了，这年头人心隔肚皮，谁知道谁怎么回事？也许是为了什么目的呢！""啪"，母亲给了我一个耳光，接着说："我早就看透了你们，你们都太自私了，只想着自己，而把别人都想得像你们一样自私、卑鄙。你想想吧，你二姐吃了多少苦受了多少罪！她这都是替你的！想当初，是要把你送给你大伯的啊！"我沉默了。是啊，一念之差，我和二姐的命运好像天上地下。二姐因为太老实，常常会被喝醉了酒的二姐夫殴打，两年前他们离了婚，二姐一个人既要带孩子还要照顾父母，而我们还这样想她，也许是我们接触外面的污染太多，变得太世俗了，连自己的亲二姐对母亲无私的爱也要与卑俗联系在一起吧。

晚上，母亲与我一起睡时，满眼泪光地说："看到你们现在一个个活得光彩照人，我越来越内疚、心疼，我对不起你二姐啊。"我轻描淡写地说："这都是人的命，所以，你也别多想了。"母亲只顾感伤，并没有觉察出我的冷淡。她接着说："那天晚上我和你二姐谈了一夜，想把我们的财产给她一半作为补偿，因为她受的苦太多了，但你二姐居然拒绝了，她说她已经得到了最好的财产，那就是你大伯伯母的爱和父母的爱，她得到了双份的爱，还有比这更珍贵的财产吗……"

我听了大吃一惊，简直不敢相信自己的耳朵，可母亲话未说完已泪流满面泣不成声，我不由得不信，渐渐地，我的眼圈也湿了，背过身去在心里默默叫着：二姐，二姐！我误解你了，你受苦了啊！

父亲去世后二姐回到了北京，和母亲生活在一起，母亲说："没想到我生了4个孩子，最不疼爱的那个最后回到了我的身边。"过年的时候我们全回了北京。大哥给二姐买了一件红色的羽绒服，我给二姐买了一条羊绒的红围巾，小弟给二姐买了一条红裤子。因为我们兄弟妹三个居然都记得：今年是二姐的本命年。

二姐收到礼物哭了。她说："我太幸福了，怎么天下所有的爱全让我一个人占了啊！"我们听得热泪盈眶，可那是对二姐深深愧疚、悔恨的泪啊！

（雪小禅）

信任是朋友间最可贵的东西

过了好一会儿，皮斯阿司才喘着气说："命运似乎在同我们作对，我的船在风暴中沉没了，路上又遇到了土匪，不过幸好我及时赶回来了。"

公元前4世纪，意大利有两个青年，一个叫达蒙，一个叫皮西厄斯，他们俩从小就是最好的朋友，彼此信任，情同手足。

一次，皮斯阿司因为一篇演说而触犯了国王，被判绞刑，即将被处死。在临死前，皮斯阿司向国王提出了最后一个请求，因为他是个孝子，在临死之前希望能与远在百里之外的母亲见最后一面，以表达他对母亲的歉意，因为他不能为母亲养老送终了。

国王被皮斯阿司的孝心所感动了，于是允许让皮斯阿司回家与母亲相见，但有一个苛刻的条件，那就是他必须找到一个人来替他坐牢。

这个条件可令皮斯阿司犯了难，世界上哪里有人愿意代替一个死刑犯坐牢的呢。然而这时，达蒙主动找到了他，并提出愿意帮助他。国王默默地看了看这一对朋友："很好，但是如果你愿意代替你的朋友留在这里，那么如果他违背诺言，你就必须情愿替他受罚，处以死刑。"

"他会遵守诺言的！"达蒙一点也不害怕地回答道。

达蒙住进牢房以后，皮斯阿司回家与母亲诀别。日子一天一天地过去了，可是皮斯阿司却还没有回来。眼看刑期在即，人们一时间议论纷纷，都说达蒙上了皮斯阿司的当，他不可能回来了。

终于，行刑的日期到了，外面下着小雨，当达蒙被押赴刑场之时，围观的人都在笑他的愚蠢，然而刑车上的达蒙却仍然面无惧色，似乎还在相信自己的好朋友会如约回来。追魂炮被点燃了，绞索也已经挂在达蒙的脖子上。

就在这千钧一发之际，门被推开了，皮斯阿司摇摇晃晃地走了进来。他面色苍白，伤痕累累。累得几乎说不出话来。

过了好一会儿，皮斯阿司才喘着气说："命运似乎在同我们作对，我的船在风暴中沉没了，路上又遇到了土匪，不过幸好我及时赶回来了。"国王听着他们的对话，惊愕地睁着眼睛。马上就要行刑了，然而深受感动的国王忽然发下了命令——死刑免除了。

（佚名）

善良的土著

有时候，我们总是感叹自己的能力太有限，而世界上需要我们去奉献的事情又太多了，于是有时面对别人需要帮助时，我们却无法伸出援手。

有时候，我们总是感叹自己的能力太有限，而世界上需要我们去奉献的事情又太多了，于是有时面对别人需要帮助时，我们却无法伸出援手。

杰克去美丽的澳大利亚旅游。一天黄昏，美丽的夕阳照在平静的海滩上。杰克一个人在海滩边上漫步徜徉，忽然看见远处有一个当地的土著人在不停地蹲下、起立、然后再甩手，好像举行一个祷告仪式。走近些时，他发现原来是一位土著人在沙滩上拾起一些东西，然后用力地抛到海里去，并且重复不停地把拾起的东西扔到海里。他在做什么呀？杰克心里很纳闷——

等到走近些，杰克看见原来这土著人在不停地拾起由潮水冲到沙滩上的海星，用力地把它们抛回大海去。杰克慢慢走过去，向土著人说："你好，先生，你在做什么呀？"

土著人边做边说："我把这些海星抛回海里。你看，现在正是退潮时，海滩上这些海星全是被潮水冲到岸上来的，如果不把它们送回大海去，这些海星很快便会因缺氧而死去——这项工作的确挺麻烦的，是吧？"

杰克回答："可是，先生——这海滩有数不尽的海星，多如繁星，你是不是有能力把它们全部送回大海呢？如果你真能做到，试想，这海岸还有很多海滩，你又哪有这么多工夫去处理呢？先生，我要说，你太自不量力了。"

土著人始终在微笑，好像没有听懂杰克的话，仍然在做着"无谓的工作"，过了一会，土著人说："但起码我改变了这只海星的命运呀——我举手之劳就能挽救一个生命——太值得了！"

（佚名）

暗夜歌声

这位失去双眼的乞丐发现了一根名叫满足的蜡烛,点燃了他的黑暗世界。有人告诉他,或者他告诉自己,明日的喜乐乃源自今朝的接受,接受那至少是暂时不能改变的事实。

若是在其他日子,我可能不会停下脚步。就像那繁忙街道上大部分的行人一样,根本不会注意到他站在那里。但当我追问自己他为什么站在那里时,我便停了下来。

那天早上,我花了一些时间看《约翰福音》第九章,就是讲"那生来瞎眼的人"那一章,打算从中撷取一些训诫。吃过午饭回办公室的路上,我便遇到了他。他在唱歌,左手拄着铝制手杖;右手伸向前,等待过路人施舍,他是个盲人。

走过他大约五步之后,我停下来,默默提醒自己何谓伪善,于是回头走去,在他手中放了几个零钱。"多谢!"他说,然后用巴西语再说一遍,"祝你身体健康。"多讽刺的祝福。

我再往前走,但早上读到的《约翰福音》第九章又教我止步。"耶稣看见一个生来瞎眼的人。"我停下来想。假如耶稣在此,他会'嗜'这个人,我不敢肯定那是什么意思,但我肯定未曾好好看那人。于是我再走回去。

仿佛给了他一点钱便获得权利一样,我在附近一部车子旁边驻足,留心看那人。我硬是要让自己站在里约热内卢市区繁忙的街道上,让那里除了一个瞎眼的可怜人之外,还能看到些别的景象。我看到他在唱歌。而别的乞丐瑟缩在一旁,博取行人同情;有的不顾羞耻,把孩子放在被子上,摆在人行道中央,以为心肠再硬的人也会停下来,向肮脏赤裸的婴孩施舍点食物。

但他没那样做。他站着,站得笔直。他还唱歌,很大声地唱,甚至是骄傲地唱。我们比他都更有理由唱歌,但唱歌的是他。他唱的大都是民谣,起先,我还以为他在唱圣诗哩!他粗犷的歌声,在喧哗的商业区很不谐调,好像麻雀飞进了嘈杂的工厂,或迷路的小鹿在州际公路上徘徊;在文明与素朴之间,他的歌声形成了一种奇怪的对比。

行人露出不同的反应,有人抱着好奇心,大大方方地观望;也有人觉得很不自在,赶紧低头绕道而行。"拜托,别提今天的人有多冷漠。"不管怎样,大部分的人根本没注意他。他们的心已被别的事占据,时间表已排满……反正,他只是个瞎子。还好他没看见人们看他时的表情。

数分钟后,我再走到他面前。"吃午饭了吗?"我问。他停止歌唱,转头朝着我说话的方向,脸向着我的耳朵,他的眼窝空空荡荡。他说觉得饿了。于是我到附近的餐厅买了一份三明治和一杯冷饮。

我走回去时,他仍在唱歌,手上仍然空无一文。我们在一旁的长凳坐下,他一面吃,一面向我介绍自己。他28岁,单身,跟父母亲和七个兄弟住在一起。

"你生下来便看不见吗?"

"不,我小时候发生过意外。"他没有再提到其他细节,我也不好意思再问。

我们虽然年龄相仿,遭遇却是天渊之别,我度过的三十年是有家庭旅游、暑假、主日学校、辩论代表队和足球的生活,还努力寻找上帝;而在第三世界长大的盲人,这一切皆付之阙如。我每天关心的是人物、思想、观念和沟通;他的日子则是盘算如何生存——金钱、施舍和食物。我回家看见的是一间舒适的公寓、热饭和贤妻,而看够了里约热内卢山上的陋屋,我实在不愿意想象他的家是何种景况。有没有人在他回家时,使他感到自己与众不同?

我几乎开口问他说:"你是否恨自己生不如人呢?"

"你曾在半夜醒来,诧异自己为何不生在大富人家,或别的家庭。"

我穿衬衫、打领带,偶尔也穿新鞋子;他的鞋子有破洞,衣服过大,他的裤子在膝盖处裂开。

但他仍然歌唱,虽是个赤贫的流浪者,他仍找到一首可唱的歌,而且勇敢地唱。我真想知道那首歌是发自他心中何处。我猜想,至少唱出了他心中的悲伤。那首歌是他仅有的一切。就算没人施舍,他还有那首歌。然而他看来那样平和,一点也不像在自我安慰。或许是出于无知,或许他根本不知道自己一无所有。

不，我看出他行为背后的原因，那是你怎样也想不到的。他是因为满足而歌唱。这位失去双眼的乞丐发现了一根名叫满足的蜡烛，点燃了他的黑暗世界。有人告诉他，或者他告诉自己，明目的喜乐乃源自今朝的接受，接受那至少是暂时不能改变的事实。

我仰首看着那数千张如瀑布般流过的面孔：冷漠的、职业化的，有些很果决的，有些则蒙着面具，但没有一张是歌唱的脸，连小声唱歌的也没有。倘若每张脸都是显示人们内心真相的广告牌，多少人的脸上将写着："极度危险！生意濒临破产！"或"坏了！需要修护"或"无信心、慌乱和恐惧？"许多人都会是那样。眼前讽刺的景象既可悲又有趣，这失明者可能是街上最平静的人，没有证书，没有奖状，没有未来——至少从这个强烈的字眼来看是如此。但我想，在那都市的人潮中，多少人宁愿暂时放弃他们的会议室和蓝色西服，来换取这年轻人所拥有的泉源。

"信心是夜色尚浓便唱歌的鸟。"扶他往回走时，我试着说些同情的话。

"世道艰难，对不？"他稍露微笑，接着转脸朝着我的方向，稍停一下，回答说："我最好继续往前走。"差不多过了一条街，我仍听到他的歌声，我心中的眼睛仍然看见他。如今我看见的，不再是那接受我几个铜板的人。

他虽然看不见，却有敏锐的眼光，我虽有双眼，却因为他才看见了美景。

（佚名）

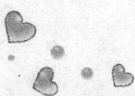

巴特的祈祷

他把巴特的考卷贴在冰箱上，说："孩子，我为你感到骄傲。"巴特听见后回答："爸，谢谢你，但这减的成绩有一部分是属于上帝的。"

巴特在四年级的表现并不好。考《金银岛》那天，他只知道封面说了些什么，结局可想而知。老师请来了巴特的父母和学校的精神病医师，讨论的结果是巴特应当重读四年级。

巴特吓坏了，"看我的眼睛，"他说，"看到我的认真吗？看到我的决心了吗？看到我的恐惧吗？我发誓更加努力读书！"毕竟，没有什么比十岁的孩子被留级更可怕的事了。

巴特想出一个办法。他跟一个名叫马丁的聪明孩子作了一项交易，只要马丁帮助他通过下次美国历史考试，他将教会马丁怎样做些了不起的事。那次考试非常重要，因为只要巴特及格，他就不必留级。

巴特果然教会马丁怎样了不起——可以随意打嗝、在车库门上喷漆涂鸦，用小弹弓射那些毫无警觉的女生。果然，马丁成了学校里最受欢迎的男生——事实上，他忙到没有时间教巴特念书。

想象一下，在大考前的晚上，巴特坐在房间里的书桌前面，望着打开的书本。他很想读书，但让他不寒而栗的是，时间已经太晚了。他无法在一夜之间把考试的内容塞进脑海。终于，母亲探头进来说："巴特，睡觉时间到了。"

巴特慢慢合起书本，数小时后便要举行考试，好像所有可能性都消失了。这时候，他跪在床边向神祷告。

"没希望了，'他说，"好了，上帝，我想真是山穷水尽了。我自己向来不是个乖孩子，但假如我明天上学，就会因为考试不及格而被留级。我只需要再温习一天。主，我需要你的帮助，无论是教师罢工、电力中断、大风雪吹袭……任何让学校明天停课的事。我知道这种祈求很过分，但这种事惟有你有办法，先多谢了，你的老友，巴特·辛普森。"

画面换到巴特家外面，他房间的灯光熄灭后，外头又黑又冷。过了一会儿，一片雪花轻轻落到地上。接着另一片、再一片。忽然大雪纷飞，事实上，那是该市有史以来最大的一场风雪！背景传来的《哈利路亚颂》声音愈来愈强。

第二天，学校果然停课。巴特赶走了与朋友们一起滑雪橇的念头。接下来的一天，考试时间终于来到，他倾全力而为，却还是少了一分。看来他失败了——直到最后一刻，他才奇迹似地多得一分，勉强以 D 减的成绩通过考试。

巴特实在太高兴了，在跑出教室前还亲了老师一下。父亲开心极了，他把巴特的考卷贴在冰箱上，说："孩子，我为你感到骄傲。"

巴特听见后回答："爸，谢谢你，但这减的成绩有一部分是属于上帝的。"

（佚名）

终身携带的纸条

"我想大家都保留着自己的纸条。"此时我终于坐下来哭泣。我为马可和其余再也看不见他的朋友哭泣。

我在明尼苏达州莫里斯圣玛丽学校任教时，他在三年级第一班就读。全班34名学生都是我的宝贝，但马可·艾克伦却是最特别的一位。他的外表十分干净，常带着那种活着真好的态度，使得偶有淘气的表现都变得令人喜欢。

马可也很爱说话，我得一再提醒他未经允许不可开口。让我印象深刻的是他每次受批评后的诚恳反应——谢谢修女纠正！起先我不知道如何应付，但不久我便习惯了每天听到好几遍。

一天早上，马可又说个不停，我再也忍不住了，于是犯了一个新任教师的错误，我对他说："马可，你再说一句话，我就要用胶布把你的嘴巴贴起来！"

不到十秒钟，恰克便冲口而出："马可又说话了。"我没有吩咐任何学生帮忙看住马可，但因为我在全班面前说过要处罚他，只好照着去做。

我记得那一幕，仿佛发生在今天早上。我走到写字桌前，很自然地打开抽屉，拿出一卷胶带。我不发一言，走到马可面前，撕下两条胶带，在他嘴巴上贴了个交叉，然后回到教室前面。

我看看马可的反应，他正向我眨眼示意。够了！我笑起来。在全班的笑声中，我走到马可的桌旁，撕掉胶布，耸耸肩。他说的第一句话是："谢谢修女纠正。"

年终时，我被安排去教初中数学。日子过得很快，不知不觉马可又再次出现在我班上。他比以往更英俊，依然很有礼貌。因为他必须很留心听我讲解"新数学"，他在初中三年级的表现比小学三年级时安静得多。

某星期五，教室气氛有些不对劲，因为我们整个星期都在学习一个新概念，我察觉出学生们的挫折感，以及对别人的不耐烦。我必须缓和这烦躁不安的气氛，免得难以收拾。于是我吩咐他们在两张纸上写下其他同学的名字，在每个名字下面留下一些空间。然后我要他们尽量想出每位同学的优点，并写在他们的名字下面。

这项作业占用了课堂剩余的所有时间，到离开教室时，每位学生都把字条交给我。查理笑着离去；马可说："谢谢修女的教导，周末快乐。"

那一个周末，我在纸上写下每个同学的名字，再把其他同学对他们的看法抄在上面。星期一，我把纸交给每个同学。不一会儿，全班都露出微笑。"真的?"我听见有人低声说。"我从不知道别人这样看我''"我从不知道别人如此喜欢我!"班上再没有提起那些纸条。我不知道他们是否在课后讨论过，或者告诉过父母，不过这都没有关系，该项作业已达到了目的，同学们因此更喜欢自己和别人。

那班同学继续升学。若干年后，当我度假回家，父母亲到机场接我。母亲照常问及该旅途的问题——天气，以及我所遇到的各样事情，后来说话稍为缓慢下来。母亲看了父亲一眼："你爸爸要说些什么吗?"父亲清了清喉咙，就像平日要说重要的事之前那样。"艾克伦家昨晚打电话来，"他开始说。

"是吗?"我说。

"我已多年没有他们的消息，不知马可怎样了。"

"马可在越南阵亡，葬礼明天举行，他的父母希望你能参加。"父亲安静地回答。

直到今天，我仍清楚记得父亲告诉我的马可的阵亡地点。

我从未见过军人躺在棺木里的样子。马可看来那样英俊、那样成熟。那一刻我只能想到的是："马可，只要你能开口对我说话，我愿失去全世界的胶布。"

教堂里满了马可的朋友，恰克的妹妹献上一首《真理正在前进》。

葬礼当天为何要下雨? 站在坟墓旁边已够难受了。牧师作了祷告仪式，号手吹出丧礼曲。

马可的亲友一个接一个走到棺木旁边，在上面洒下圣水。

我是最后一位到棺木边祝福的人。我站在那里，一位扶棺的军人过来对我说："你是马可的数学老师吗？"

我望着棺木点头。

"马可经常提到你。"他说。

葬礼结束后，大部分马可的生前好友一同到恰克的农舍去吃午餐。马可的父母在那里，显然是在等我。

"我们要给你看件东西"，他的父亲说，一边从口袋里掏皮夹。

"冯可阵亡时，从他身上找到这个，我们想你可能认得。"

打开夹子，他小心拿出两片破旧的笔记本纸张。显然曾经破损、新贴、折叠，又折叠多次了。我不必细看，就认得我曾在上面抄下马可的优点，那都是同学们对他的总结。

"多谢你，"马可的母亲说。"你瞧，马可多珍惜它。"

马可的同学开始围拢过来。

查理腼腆地笑着说："我也留着我的纸条，放在家里写字桌最上面的抽屉里。"

恰克的妻子说："恰克要我把它夹在结婚相簿里。

"我也保存着我的那一张。"玛莉莲说。

"我的放在日记本里。"然后是另一位同学，从她的笔记簿里取出皮夹，向众人展示她那破损的纸条。"我经常带着它。"他连眼也不眨地说。

"我想大家都保留着自己的纸条。"此时我终于坐下来哭泣。我为马可和其余再也看不见他的朋友哭泣。

（佚名）

寻找自我

上苍温和地对他说："亲爱的孩子，这一路你曾经遇到过很多挑战，你都凭借自己的力量把它们战胜了。这就是你要寻找的东西，这就是真实的值得骄傲的自己。"

漆黑的深夜里，一个青年正在独自前行，这条路崎岖不平，而且十分遥远。走了一会儿，青年开始辨不清前进的方向了。他仰头望着天空，高声呼喊："上天，我该怎么办？"

上苍立即回答了他："亲爱的孩子，你要寻找的不是我，而是你自己。所以，不要问我该怎么办，问你自己。"

听到这话，青年很失望，继续摸索着前行。他的双脚肿了起来，脚掌上也磨出了几个血泡，钻心的疼。可他不能停下自己的脚步，否则永远也找不到光明，找到自我。忽然，一道深谷横在他的眼前，他想越过深谷，可没有桥梁通向深谷的彼岸。

青年再一次仰头望着天空呼喊："上天，我该怎么办？"青年渴望上天能给他一点帮助，然而上苍告诉他："亲爱的孩子，我也知道你已经筋疲力尽了，可如果你想越过这个深谷，你必须先下到谷底，然后再从另一边爬上去。只有这样，你才能找到自己。"

青年叹了一口气，继续前行，他整整走了一夜，最后的一丝力气也都已经耗尽。可他知道，山谷即将翻过，黎明马上就要来临，太阳又会重新升起。他的心里又升腾起了希望，充满了勇气。

终于，青年看到了第一缕曙光。他激动地大喊："我成功了，终于看到了太阳。可我要寻找的自我在哪里？"

这时，上苍温和地对他说："亲爱的孩子，这一路你曾经遇到过很多挑战，你都凭借自己的力量把它们战胜了。这就是你要寻找的东西，这就是真实的值得骄傲的自己。"

（佚名）

做一件属于自己的事

丽贝卡并没有被眼前的困难击败，她决定继续走下去。她一反平时胆怯羞涩没有自信的窘态，亲自做好了几道菜，摆在路旁的餐桌上，请每一个过往的行人品尝她的杰作。

丽贝卡出生在一个大家庭中。她有三个姐姐，三个哥哥，一个妹妹和一个弟弟。由于孩子太多，父母根本没有精力顾及到每一个孩子的心理。他们总是把最小的孩子抱在手里，而其他的孩子就只能让哥哥姐姐照顾了。

丽贝卡从小就非常渴望能够得到父母的赞扬和鼓励，每做一件事都严格要求自己，想把事情做到完美无缺，以此来博得父母的赞美和鼓励。但是父母通常根本就没有注意到她，这让丽贝卡很是失望。久而久之，她就越来越没有自信了。

丽贝卡长大以后，嫁给了一个非常成功的商人，婚姻美满幸福，可是一直伴随她的坏习惯--缺乏自信仍然跟随着她。唯一使她能相信自己是个有用之人的，就是在厨房里的时候，她喜欢做汉堡包，蛋糕做得也不错，更擅长做意大利面。

丽贝卡非常渴望成为一个受大家尊重且信心十足的人，因此，为了完成自己的愿望，她鼓起勇气从家务中走了出去，决定去做一件属于自己的事情。最终，她选择进入餐饮业。因为丽贝卡的公公婆婆以及她的丈夫经常说她做的饭菜非常好吃，甚至超过那些餐厅的大厨师。这是自己的一个优势，所以丽贝卡决定将这个优势发展一下。

可是，一听到丽贝卡要开餐馆，一家人都感到很震惊。婆婆说："这个主意你是怎么想出来的？它简直荒唐到了极点。"丈夫也说："这事太难了，快别胡思乱想了。我们家并不缺钱。"

但是，家人的反对与劝阻并没有对丽贝卡起到多大的作用，她依然坚定自己的信念，决定按自己的想法去做。

丽贝卡的餐馆正式开张的那一天，非常冷清，竟然没有一个顾客光临。这使丽贝卡很受打击，她几乎要被冷酷的现实击垮了。她好不容易决定冒了一次险，而这一次冒险看起来要将她彻底击败。她开始怀疑自己的决定，开始相信丈夫和父母的说法是对的。

但是人就是这样，当你已经尝试了第一次冒险的滋味后，以后再去面对风险就没那么恐惧了。丽贝卡并没有被眼前的困难击败，她决定继续走下去。她一反平时胆怯羞涩没有自信的窘态，亲自做好了几道菜，摆在路旁的餐桌上，请每一个过往的行人品尝她的杰作。

这一招果然取得了非常好的宣传效果，所有尝过她的菜的人都夸赞她手艺高超。从第三天开始，她的生意就好了起来。

一年后，她的小餐馆经营得有声有色，还开了几家连锁店。一家人对她刮目相看。

（佚名）

第二辑　珍惜拥有的一切

　　每个人都拥有属于自己的天空，有时阴霾，有时晴朗，有时风雨交加，有时大雪纷飞，但不管天气怎样，都不要因此关闭你城堡的大门，而错过了将要发生在你身上的幸福，错过了将要珍惜的人，即使他是这一生的过客，也要真心的区对待此时出现在你面前的人，给予他十足的热情，还有真心的一笑。

热心的孩子

　　正是因为松下对工作充满热情，所以，他后来建立了令世人瞩目的松下帝国，自己也在愉快的工作中，享受到充实的人生。

　　松下幸之助 13 岁在一家名为五代的自行车店当学徒的时候，他一直想独立卖成一辆自行车，可是，当时自行车是百元上下的高价商品，相当于今日的汽车，即使有人想买，也轮不到松下这样的小徒弟一人去销售，顶多是让松下跟着伙计们送车去罢了。

　　很幸运，有一天，一位客户的伙计打电话来："送自行车给我们看看吧。我们老板在，现在赶快送来！"刚好其他伙计不在，松下的老板对他说："对方很急的样子，无论如何，你先把这个送过去吧。"松下听了，认为好机会来了，精神百倍地把自行车送到客户那里去。松下虽然不是经销老手，却很认真地游说。

　　那时因为松下只有 13 岁，人家把他当作可爱的小孩。老板看他拼命说明的模样，摸摸他的头说："你很热心，是个好孩子。好吧，我决定买下来，不过要打九折。"

　　因为太兴奋了，所以，松下没拒绝就回答说："我回去问老板！"说完就跑回来告诉自己的主人："对方愿意打九折买下来。"

　　主人却说："打九折怎么行呢？算九五折好了。"

　　这时候，松下一心一意想第一次独力成交，很不愿意再跑一次去说九五折。他竟对主人说："请不要说九五折，就以九折卖给他吧。"说着哭出来了。

　　主人感到很意外："你到底是哪方的店员呢？你怎么了？"

　　松下哭个不停。过了一会儿，对方的伙计到店里："怎么等了这么久呢？还是不肯减价吗？"

主人说："这个孩子回来叫我打九折卖给你们，说着就哭出来了。我现在正在问他，到底是谁家的店员呢。"

伙计听了，好像被松下的热心和纯情感动了，立刻回去告诉他的老板。

那位老板说："他是一个可爱的学徒。看在他的份上，就按照九五折买下来。"

就这样，终于成交了。这就是松下第一次成功销售自行车的例子。

那位老板甚至对松下说："只要你在五代，这期间我们买自行车，一定向五代买。"

正是因为松下对工作充满热情，所以，他后来建立了令世人瞩目的松下帝国，自己也在愉快的工作中，享受到充实的人生。

（佚名）

关于面包的承诺

前来光临面包店的人，尽管年轻的代替了年老的，女人代替了男人，但从未少过9个人。穿透十几年岁月沧桑，依然闪亮的是9颗金灿灿的爱心。

英国的一名矿工在井下挖煤时，一镐刨在哑炮上。哑炮响了，矿工当场被炸死。因为矿工是临时工，所以矿上只发放了一小笔抚恤金给死者的家人。

矿工的妻子在承受失去丈夫的痛苦后，又面临着来自生活上的压力，由于她无一技之长，只好收拾行装准备回到贫瘠的家乡。这时，矿工的队长找到了她，告诉她说矿工们都不爱吃煤矿餐厅做的早饭，建议她在矿区开个面包店，卖些面包和牛奶，一定可以维持生计的。

矿工的妻子想了想，便答应了。于是，她找人帮忙，租赁了一个店面，稍加装修，面包店就开张了。开张第一天的清晨，一下就来了9个人。随着时间的推移，买面包的人越来越多，但却从未少过9个人，而且风霜雨雪从不间断。

时间一长，许多矿工的妻子都发现自己丈夫养成了一个雷打不动的习惯：每天早晨下井之前必须吃一个面包。妻子们百思不得其解。直至有一天，矿工的队长在一次事故中被炸成重伤。弥留之际，他对妻子说："我死之后，你一定要接替我每天去买一个面包。这是我们队9个兄弟的约定，自己的兄弟死了，他的妻子和孩子怎么生活？咱们得帮帮她。"

从此以后，每天的早晨，在众多买面包的人群中，又多了一位女人的身影。来去匆匆的人流不断，而时光变幻之间唯一不变的是不多不少的9个人。

时光飞逝，当年矿工的儿子已长大成人，而他饱经苦难的母亲两鬓花白，却依然用真诚的微笑面对着每一个前来买面包的人。那是发自内心的真诚与善良。

更重要的是，前来光临面包店的人，尽管年轻的代替了年老的，女人代替了男人，但从未少过9个人。穿透十几年岁月沧桑，依然闪亮的是9颗金灿灿的爱心。

（佚名）

伟大的拾贝者

曾经有人问牛顿："你获得成功的秘诀是什么？"牛顿回答说："假如我有一点微小成就的话，没有其他秘诀，唯有勤奋而已。"

1642年12月25日，牛顿出生于英格兰林肯郡格兰瑟姆附近的沃尔索普村的一个农民家庭。牛顿出生前三个月，他同样名为艾萨克的父亲就已经去世了。牛顿3岁时，他的母亲改嫁给了一位牧师，而把牛顿托付给了他的外祖母。

　　牛顿的舅舅威廉·艾斯考夫是剑桥大学的毕业生，他时常来探望小牛顿，并充当他的启蒙老师。受舅舅的影响，1661 年 6 月，牛顿考取了剑桥大学。在剑桥大学三一学院，牛顿学习优秀，掌握了大量的数学、几何及天文学知识，为他以后的研究工作建立了坚实的基础。

　　牛顿一生为世界科学作出了巨大贡献，他的三大成就——光的分析、万有引力定律和微积分学，为现代科学的发展奠定了基础。因此，他也被称为近代科学的开创者。但是牛顿每当在科学上获得伟大成就时，从不沾沾自喜，自以为很了不起。

　　当年，牛顿费尽心血发现万有引力定律后，没有急于发表，而是继续孜孜不倦地深思了数年，计算了数年，从未对任何人讲过一句。后来，牛顿的朋友，天文学家哈雷（哈雷彗星的发现者）在证明一个关于行星轨道的规律遇到困难时，专程登门请教牛顿。牛顿把自己关于计算万有引力的书稿交给哈雷看。哈雷看后才知道他所要请教的问题，正是牛顿早已解决、早已算好的问题，心里钦佩不已。

　　在 1684 年 11 月某一天，哈雷又到牛顿的寓所拜访。当谈到有关天文学的学术问题时，牛顿拿出论证万有引力的论文，请哈雷提意见。哈雷看后，对这部巨著感到非常惊讶。他再三奉劝牛顿尽快发表这部伟大著作，以造福于人类。可是牛顿没有听信朋友的好意劝告去轻易地发表自己的著作，而是又经过长时间的一丝不苟的反复验证和计算，确认正确无误后，才于 1687 年 7 月将《自然哲学的数学原理》发表于世。

　　曾经有人问牛顿："你获得成功的秘诀是什么？"牛顿回答说："假如我有一点微小成就的话，没有其他秘诀，唯有勤奋而已。"

　　1727 年 3 月 20 日清晨，牛顿逝世。他的临终遗言是："我不知道世人对我怎样评价。但我却这样认为：我好像是一个在海滩上玩耍的孩子，时而为拾到几块晶莹剔透的石子而欢呼，时而为拾到几片美丽的贝壳而雀跃。可是，对于面前的那一片浩瀚无垠的大海，我却一无所知，而那才是真理的真正之所在。"

（佚名）

不要让邪恶的羽毛散落在路旁

"那么，当你想说些别人的闲话时，请先想一想，自己的话到底会带来怎样的后果。不要让这些邪恶的羽毛散落在路旁。"

在 16 世纪的罗马，有一位牧师深受大家的爱戴，他的名字叫做圣菲利普。不仅富人和贵族追随着他，甚至平民和乞丐也都喜欢他，这一切都是因为他的善解人意。

有一次，一位妇人来到圣菲利普面前倾诉自己的苦恼。她絮絮叨叨地讲述了一个上午，圣菲利普才明白了她苦恼的根源。其实她心地倒不坏，只是她常常说三道四，喜欢在人背后说些无聊的闲话。这些闲话传出去后，不仅给别人造成了许多伤害，也使得她的人缘坏透了，以至于她连一个真心的朋友都没有。

圣菲利普对她说："我知道你苦恼的原因，也有一个解决的办法。如果你不想再为此苦恼下去，现在请你到市场上买一只母鸡，走出市镇后，沿路拔下鸡毛并四处散布。你要一刻不停地拔，直到拔完为止。你做完之后就回到这里告诉我。"

妇人觉得这是非常奇怪的办法，但为了消除自己的烦恼，她没有任何异议。她真的去买了只鸡，走出城镇，并遵照牧师的吩咐拔下鸡毛，沿途散布，然后她回去找圣菲利普，告诉他自己按照他说的做了一切。

圣菲利普说："你已完成了事情的第一部分，现在要进行第二部分：你必须回到你来的路上，捡起所有的鸡毛。"

妇人为难地说:" 这怎么可能呢？在这个时候，风已经把它们吹得到处都是了。也许我可以捡回一些，但是我不可能捡回所有的鸡毛。"

"没错，夫人。那些你脱口而出的无聊话语不也是如此吗？你不也常常从口中吐出一些伤害别人的谣言吗？然后它们不也是散落路途，口耳相传到各处的吗？你有可能跟在它们后面，在你想收回的时候就收回吗？"妇人说：

"不能，神父。"

"那么，当你想说些别人的闲话时，请先想一想，自己的话到底会带来怎样的后果。不要让这些邪恶的羽毛散落在路旁。"

（佚名）

珍惜拥有的一切

我在自己的洗手间里写上了一句话，每天早上刮胡子的时候都念它一遍：我闷闷不乐，因为我少了一双鞋，直到我在街上，见到有人缺了两条腿。

国内一所著名的大学，邀请一位教授去那里为学生们做关于增强学生自信的演讲。这位教授曾经身无分文，甚至想到过自杀，但是现在他成了著名的讲师。他给学生们讲了一件影响他一生的事情。

"我曾经是一个多愁善感的人，而且对周围的一切人和事物都很悲观。"他说道，"但是，一个初春的上午，当我走过著名的果戈理大街时，我的生命就在那时发生了转折。"也就是十几秒的工夫，让我对生命的意义有了全新的诠释，比我这十几年来得到的还要多。两年前，我在这个城市开了一家杂货店，由于我不善经营，不仅赔光了所有的积蓄还欠了银行很多债务，估计十年才能偿还得完。我几乎绝望了，周末我刚刚结束了店铺的营业，准备去银行贷点款作为日常的费用，关了杂货店，然后出去找一份工作。这时候我已经对生活完全是失去了信心和斗志，根本就是在混日子，仿佛在期盼死亡的降临。

"突然，我看到一个人从对面的街口走过来，不能说是走，那个人没有双腿，坐在一块安着溜冰鞋滑轮的小木板上，两只手用木棍撑着向前艰难的一步步地挪动。他过了马路，经过我面前，就在那几秒钟，我们的目光相遇了，我想自己此刻一定狼狈极了。那个人居然冲我微微一笑，很有精神地向我打招呼：'早上好，先生，今天的天气真好啊！'我望着他，有一瞬间几乎停止了呼吸。我突然体会到自己是何等的富有。我的双腿健康，可以自由行走，可以随意去任何地方，做我喜欢的事情。我为什么还要在这里怨天尤人？这个人缺了双腿仍能快乐自信地生活，我这个四肢健全的人难道还不能吗？我挺了挺胸膛。结果我很顺利地贷到了款，还找到了一份不错的工作。如今我用自己赚来的钱又盘下了我那个杂货店，并把它经营得红红火火。

"现在，我最大的爱好就是在业余时间为需要帮助的人上课，让他们时刻充满自信。我在自己的洗手间里写上了一句话，每天早上刮胡子的时候都念它一遍：我闷闷不乐，因为我少了一双鞋，直到我在街上，见到有人缺了两条腿。"

（佚名）

蝴蝶总理

> 为了矫正自己的口吃，他模仿古罗马一位有名的演说家，每天在嘴里含一块小石子讲话、朗诵。几天下来，孩子的舌头和腮部就被石子给磨破了。

几十年前，加拿大有一个小男孩，由于生病导致左脸局部麻痹，嘴角畸形，每当讲话时嘴巴总是歪向一边，因此相貌十分丑陋。更糟糕的是，他还有口吃的毛病，另有一只耳朵什么都听不见。可以说，生命中所有的不幸都降临在这个可怜的小男孩身上了。

但是，这个小男孩并没有因为自己有如此多的不幸而自暴自弃，灰心绝望，羞于见人，相反，他总是尽一切努力去克服自己的缺陷。

为了矫正自己的口吃，他模仿古罗马一位有名的演说家，每天在嘴里含一块小石子讲话、朗诵。几天下来，孩子的舌头和腮部就被石子给磨破了。

看着嘴巴和舌头被石子磨得鲜血直流，母亲心疼地抱着他流着眼泪说："不要练了，我的孩子，妈妈一辈子都陪着你。"懂事的孩子替妈妈擦掉眼泪说："妈妈，书上说，每一只漂亮的蝴蝶，都是自己冲破束缚它的茧之后才变成的。我一定要做一只美丽的蝴蝶。"

经过男孩不懈的努力，他终于能流利地讲话了。因为他的勤奋和善良，中学毕业时，他不仅取得了优异成绩，还获得了良好的人缘；同学和老师都很喜欢他，从不拿他的相貌开玩笑，并认为那正是上帝独有的创造。

1993 年 10 月，他参加了全国总理大选。他的对手居心叵测地利用电视广告夸张他的脸部缺陷，然后写上这样的广告词："你要这样的人来当你的总理吗?"但是这种行为不仅没有取得预期的效果，相反，这种极不道德的、带有人格侮辱的攻击招致了大部分选民的愤怒和谴责。各大媒体闻风而动，立刻将这个男孩不平凡的成长经历挖掘并宣扬了出来，赢得了选民们极大的同情和尊敬，男孩的得票率一路飙升。

"我要带领国家和人民成为一只美丽的蝴蝶"的竞选口号使他以高票当选为总理，并在 1997 年再次获胜连任总理，人们亲切地称呼他为"蝴蝶总理"。他就是加拿大第一位连任两届总理的让·克雷蒂安。

(佚名)

做一根珍惜生命的树枝

年轻人一直保留着这三根树枝。从那以后，无论他遇到什么事情都没有放弃过，也没有被打垮过，因为他已经懂得了人生的真谛。

莱恩喜欢上了同村庄的一个女孩，他疯狂地追求她，可是遭到了她的拒绝。年轻人的莱恩觉得很沮丧，生命对他似乎也失去了意义，他认为自己受了极大的挫折，因此想到了自杀。

午夜时分，他写好遗书，轻轻的吻了吻正在熟睡的父母，带着极度的悲伤离开了家，他独自一人来到附近的树林里，爬上一棵粗壮的橡树，他打算用绳子上吊自杀。正当他要把绳子绑在树枝上时，树枝说话了："亲爱的年轻人，你能不在我的升上吊死吗？？我的树枝禁不住你的力量，而且正有一对鸟儿在我的枝头筑巢呢！他们是我在森林里最好的朋友，请你体谅一下我，也可怜可怜我那小鸟朋友吧，它们也会感激你的！"

年轻人听了，觉得他说的有道理，自己没理由毁掉小鸟的窝，就放弃了这棵树，爬上了另一棵更高的树。他准备把绳子绑上去，这根树枝也说话了："年轻人，我是一棵槐树，如果我折断，花蕾也会被摧残而死，那人们就吃不到新鲜的蜂蜜了，你怎么能忍心呢？"

年轻人觉得自己太自私了！于是他只好默默地攀上了第三棵树。他还没绑绳子呢，树枝就开口了，"年轻的朋友，我的寿命已经有几百年了，人们把我种在这里就是想让疲惫的旅行者在我的树荫下乘凉、休息，如果你使我折断，那么我就再也享受不到助人为乐的这种喜悦了！"

这时，年轻的上吊者沉默了，当初被拒绝的沮丧也没那么强烈了。他想了一会儿，问自己："我为什么要自杀，就因为受到这么一点点挫折吗？我的生命难道就这么不值钱吗？难道我就不能多用点精力为别人、为社会多做点事情吗？"生死就在一念之间，年轻人幡然悔悟了，是这三棵树给他上了一堂生动的人生课，他从三棵树上各折了一枝小小的细叉，爬下树，希望满怀地离开了。

年轻人一直保留着这三根树枝。从那以后，无论他遇到什么事情都没有放弃过，也没有被打垮过，因为他已经懂得了人生的真谛。如今他已经成为了村庄里最受人尊敬的教师，美丽的女孩也因为钦慕成为了他的妻子，人生再一次对他敞开了宝贵的胸膛。

（佚名）

人生的意义

穆罕默德并没有马上回答他的问题，而是首先问道："年轻人，请你告诉我，你想在生命中得到什么呢？"

一位年轻人来向穆罕默德请教成功人生的意义是什么。

穆罕默德并没有马上回答他的问题，而是首先问道："年轻人，请你告诉我，你想在生命中得到什么呢？"

"对不起，您的意思是……"年轻人不解地问。

"你想从生命中得到什么？比如幸福、财富、地位……"

"嗯……我想要健康、快乐和……当然，还有富足。"年轻人不好意思地回答道，"这不是每个人都一样吗？"

"是的，这也是为什么很少人拥有快乐、健康并且富足的原因。"

"您是什么意思？"

"如果你不知道要在生命中寻找什么，你如何找到它呢？"

"可是我刚才不是说了吗？我要健康、快乐和富足。"年轻人坚持道。

"可是这些字眼是多么模糊不清啊，没什么特别的意义，它们到底是什么意思呢？"

"对不起，我还是不明白您的意思。"年轻人急忙说。

"好！让我们说得更明白一点儿，比如，你要怎么样才会感到富足，还有你必须赚多少钱才会感到富足呢？"

"嗯……我想想。"年轻人终于理解了穆罕默德的意思，他想了想说："我至少需要赚比现在的薪水多两倍的钱，才会感到富足。"

"好！这是个开始。还有呢？"穆罕默德微笑着问。

"我要拥有一所房子，没有贷款负担，还要一部车子。"

"哪种房子，哪个牌子的车子？"穆罕默德打断他说。

"我不知道。"年轻人回答，"那个并不重要，随便什么样子的都好。"

"是吗？"穆罕默德说，"那么，连卫生间都没有的房子，位置在脏乱的贫民区你也无所谓吗？"

"不！当然不行！"年轻人说。

"那么要哪一种房子才行呢？"穆罕默德又问。

"我最想要那种带小花园的二层小楼，我要有一间书房，有一个小餐厅，有一个大的卧室和客厅。房子最好位于城市的东边，那里是本城的商业中心，而我正好是从事这个行业的。"

"好！现在你已经越来越清楚了。"穆罕默德表示肯定。

"你认为只赚到比现在的薪水多两倍的钱就能负担得起这些吗？"

"不能。"年轻人笑了，"我就是赚比现在多五倍的钱，也负担不起这种昂贵的房子。"

"这样啊，那你刚才为什么说只要赚到两倍钱，你就会感到富足呢？"

"噢……那个时候，我还没有认真去思考这个问题。"年轻人承认。

"那么，你现在看到矛盾之处了吗？"穆罕默德说，"很多人都说他们想要富足，但是很少有人花时间仔细去想他们到底要什么，以及为什么要。如果你想开始为自己的生活创造源源不绝的财富，你必须好好把这些都想清楚。去找出你确实想要得到的东西，甚至连最细节的部分都想清楚，这是非常必要的过程。只说你要什么还是不够的。你必须知道是什么样的房子，哪种牌子、哪个型号、什么颜色的车子。最后，有一个清楚的愿望还不够，你还必须知道原因，如何达到目的，这才能真正对你有所帮助。

（佚名）

倒算五年

如果你经常询问自己"为什么会这样?"或"为什么会那样?",则不妨试着问自己"我是否曾经很'清楚'地知道自己要做的是什么?"

19 岁那年,我在休斯敦太空总署的大空梭实验室工作,同时也在总署旁边的休斯敦大学主修计算机专业。我整天处在学习、睡眠和工作之间,这些几乎占据了我每天的全部时间。但是,只要有一分钟的闲暇时间,我都会把精力放在自己的音乐创作上。

我知道,写歌词不是我的专长,所以在最近的一段日子里,我时时刻刻都在寻找一位擅长写歌词的搭档,与我一起创作。

我认识了一位朋友,她叫"凡内芮"。自从我 20 多年前离开得州后,就再也没听到过她的消息,但是她却在我事业刚刚起步时,给了我最大的鼓励。

年仅 19 岁的凡内芮在得州的诗词比赛中不知获得过多少奖牌。她的作品总是让我爱不释手,当时,我们的确合写了许多不错的作品,直到今天,我仍然认为那些作品充满了特色和创意。

一个周末,凡内芮热情地邀请我到她家的牧场吃烤肉。

她的祖辈是得州有名的石油大亨,拥有规模庞大的牧场。虽然她的家庭极为富有,但她的穿着、她的车和谦卑诚恳的待人态度,更让我从心底佩服。

凡内芮深知我对音乐的执着,然而,面对那遥不可及的音乐圈子及陌生的美国唱片市场,我们一点儿渠道都没有。当时,我们两个人安静地待在得州的牧场里,根本不知道下一步该如何走。

突然,她冒出了一句话:"想象一下,你 5 年后在做什么?"

我愣了一下。

她转过身来,指着我问道:"嘿!告诉我,在你心目中,'最希望'5

年以后做什么，那时候，你的生活会是什么样子？"

我还来不及回答，她又抢着说："别急，你先仔细想想，完全想清楚，确定后再说出来。"

我沉思了几分钟，开始告诉她："第一，5年后，我希望能有一张自己的唱片在市场上，而这张唱片很受欢迎，可以得到许多人的肯定。第二，我希望住在一个音乐气氛浓厚的地方，每天都能够与世界上一流的乐师一起工作。"

凡内芮说："你确定了吗？"

我从容地回答，而且拉了一个很长的"是"！

凡内芮接着说："好，既然你确定了，我们就把这个目标倒算回来。如果第五年，你有一张唱片在市场上，那么你在第四年一定是要跟一家唱片公司签约。"

"你在第三年一定要有一部完整的作品，可以拿给许多唱片公司听，对不对？"

"你在第二年一定要有很棒的作品开始录音了。"

"你在第一年一定要把准备录音的所有作品全部编曲，把排练准备好。"

"你在第6个月一定要把那些没有完成的作品修饰好，然后自己可以逐一筛选。"

"你在第一个月就要把目前这几首曲子完成。"

"你在第一个星期就要先列出一个完整的清单，排出哪些曲子需要修改，哪些需要完成。"

"好了，我们现在不就已经知道你下个星期一要做什么了吗？"凡内芮笑着说。

"哦！对了。你还说5年后要生活在一个音乐气氛浓厚的地方，然后与许多一流乐师一起工作，对吗？"她急忙补充说，"如果你在第五年已经与这些人一起工作了，那么你在第4年就应该有一个自己的工作室或录音室。在第三年，你可能会先跟这个圈子里的人一起工作。在第二年，你不应该住在得州，而应该搬到纽约或洛杉矶了。"

第二年，我辞掉了令许多人羡慕不已的太空总署的工作，离开了休斯敦，搬到了洛杉矶。说来也奇怪：不敢说是恰好在第五年，但大约是第六年，我的唱片开始在亚洲畅销了，我几乎每天都忙碌着与一些顶尖的音乐高手从日

出到日落地一起工作。

每当我感到困惑的时候，都会静下来问自己："5 年后你'最希望'看到你自己在做什么？如果你自己都不知道这个答案，又如何要求别人甚至上帝为你做选择或开路呢？"别忘了！在生命中，所有"选择'的权利都在我们手上。如果你经常询问自己"为什么会这样？"或"为什么会那样？"，则不妨试着问自己"我是否曾经很'清楚'地知道自己要做的是什么？"

（佚名）

谋职训练

　　　　实现梦想并非遥不可及的事，只要跨出第一步，就会离目标越来越近

前几年我因职务的关系，被派到南边一个城市，协助接受社会救济的居民。我希望能灌输他们自食其力的观念；只要愿意，任何人都可以自给自足。

我请当地的相关单位安排十几位接受社会救济的居民，打算每星期跟他们进行三小时的咨商谈话，其中成员最好包括不同的种族和家庭背景。我同时申请了一笔小额款项当做工作经费。

初次见面，握手寒暄后，我劈头第一句便问他们："我想知道你们有什么梦想。"在座的每个人听了之后都露出一脸不解的神情。

"梦想？我们没有梦想。"

"难道你们在孩童时候没有立过任何志愿吗？"我好奇地问。

一个妇女开口回答："有梦想有什么用？老鼠总是跑进屋里，偷咬我的孩子。"

"这个问题的确伤脑筋，你是很担心老鼠来偷袭你的孩子，有什么办法能解决吗?"

"我想换个新纱门,我那个旧纱门上有洞。"

"在座的有人会修纱门吗?"我代她发问。

坐在中间的一位男士自告奋勇地说:"我以前修过东西,但我最近背痛得厉害,不太中用了。不过我会尽力试试。"

我问他能否到店里买些材料,帮这位太太把门修好,费用由我负担。"你能帮这个忙吗?"

"我尽量。"

第二周的聚会上,我问那位太太:"你的纱门修好了吗?"

"哦,修好了。"

"那我们可以开始梦想了,是吗?"我又问道。她微笑地点点头。

我转向那位男士:"那你觉得如何呢?"

"说来奇怪,我开始觉得精神比以前好得多了。"他表示。

这虽不是什么惊天动地的成功事件,但多多少少也给这群人一些刺激,实现梦想并非遥不可及的事,只要跨出第一步,就会离目标越来越近。

我接着问其他人有什么梦想。一位妇女说她一直想做个秘书。"那为何不放手去做呢?"我问(这一问是我的第二问题)。

"我有6个小孩,我若去上班,谁来照顾他们?"

"我们来想想办法,"我说,"有人能一星期帮她带一两天孩子,好让她能到学校接受秘书训练吗?"

另一位妇女热心地表示:"我自己也有小孩,不过我可以帮这个忙。"

经过一番安排后,这位妈妈终于能上学校接受训练。

后来每个人都谋得了职业,那位修纱门的男士找到一份技工的工作,而帮人照顾孩子的那位妇女则成为合格的保姆。12周内,参加辅导的人全都有事可做,不再需要领取社会救济。这并不是特别,这只是我成功的众多个案中的一个。

(佚名)

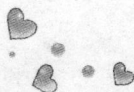

三个旅行者

如何好好利用已有的优势发挥更大的作用，这不但要看个人的努力，还要看个人的悟性。

三个旅行者同时住进了一家旅店。早上出门时，一个旅行者带了一把伞，一个拿了一根拐杖，第三个则两手空空。

晚上归来时，拿雨伞的人淋湿了衣服，拿拐杖的人跌得全身是泥，而空手的人却衣不湿，身无泥。前两个人都很奇怪，问第三个人这是为什么。

第三个旅行者没有回答，他反过来问拿伞的人："你为什么淋湿了却没有摔跤呢？"

"下雨的时候，我很高兴有先见之明，就有恃无恐地撑开伞大胆地在雨中走，以为不会被淋湿，可是衣服还是湿了不少。当我走到泥泞难行的地方，想想自己又没有拐杖，所以走起来格外小心，生怕摔跤，结果一路走回来反而没事。"听完第一个人说的话，第三个人又问拿拐杖者为何没有淋雨，反而摔得满身是泥。对方是这样回答的："下雨时，没有伞我就拣能躲雨的地方走或停下来避雨。泥泞难行的地方我便用拐杖拄着走，没想到反而跌了跤。"

空手的旅行者哈哈大笑，说："下雨时我拣能躲雨的地方走，路不好走时我就分外小心，所以我没有淋着也没有摔着。看样子，你们有可以凭借的优势反而不会谨慎行事，发挥自己的主动性。也难怪你们会掉以轻心，结果自然是反受其害了。"

（佚名）

智力游戏

多思考、多实践，我们才能真正找到问题的答案。

父亲常常会找一些智力游戏题目考儿子。这天，父亲看见一道自认为绝妙的智力题，连忙将儿子叫到跟前。

"一个桌子四个角，砍去一个，还有几个？"父亲微笑着问儿子。

"三个。"儿子看都不看父亲，不假思索地回答道。

"态度那么不认真，我告诉你，真正的答案应该是五个。"其实，父亲早料到儿子会这样回答，心里甚至有些小小的得意。

"四减一就是等于三。"儿子很不服气。

"过来，咱们一起动手做个实验。"父亲显然早有准备，他拿出一张正方形的纸片，用剪刀剪去了一角。"这张纸片就是一个桌子，这样剪去了一角，你看看还有几个角？"

儿子这才明白过来，父亲这是有意出难题考验自己。

"你这样是有五个，可是我干嘛这样剪？"儿子说完立即拿过剪刀，沿着"桌子"的对角线剪了下去。"你看，四减一就是等于三嘛！"儿子扬了扬手里的三角形纸片，心里也不无得意。

这下子，父亲有些哑口无言。好在，父亲脑子也够灵活，他立即做出一副胸有成竹的样子："现在我们已经得到了两个答案，你再动脑想想，还有没有其他的答案？"

"其他的？"儿子歪着头思考着，手里的剪刀不停地比划着，突然灵机一动。只见他拿起剪刀，选中了桌面一边两个端点之间的一点，朝桌面的另外一个端点剪去。

就这样，儿子得到了四个角的"桌面"。这个答案，很让儿子满意。父亲在心里则暗自庆幸，幸好自己没有困在习惯的思维模式中，否则真要在儿子面前出丑了。

（佚名）

救命的歌声

　　面对困境的时候，可以垂头丧气地哭泣或哀号，也可以把恐惧和烦恼放在一边，唱首动听的歌，放松自己，也鼓舞别人。那歌声就是对生命永不放弃的向往。

　　1920 年 10 月，一个漆黑的夜晚，在英国斯特兰腊尔西岸的布里斯托尔湾的洋面上，发生了一起船只相撞事件。一艘名叫"洛瓦号"的小汽船跟一艘比它大十多倍的航班船相撞后沉没了，104 名搭乘者中有 11 名乘务员和 14 名旅客下落不明。

　　艾利森国际保险公司的督察官弗朗哥？马金纳从下沉的船身中被抛了出来，他在黑色的波浪中挣扎着。救生船这会儿为什么还不来？他觉得自己已经气息奄奄了。

　　渐渐地，附近的呼救声、哭喊声低了下来，似乎所有的生命全被浪头吞没，死一般的沉寂在周围扩散开去。就在这令人毛骨悚然的寂静中，突然——完全出人意料，传来了一阵优美的歌声。

　　那是一个女人的声音，歌曲丝毫也没有走调，而且也不带一点儿哆嗦。那歌唱者简直像面对着客厅里众多的来宾在进行表演一样。

　　马金纳静下心来倾听着，一会儿就听得入了神。教堂里的赞美诗从没有这么高雅，大声乐家的独唱也从没有这般优美。寒冷、疲劳刹那间不知飞向了何处，他的心境完全复苏了。他循着歌声，朝那个方向游去。

　　靠近一看，那儿浮着一根很大的圆木头，可能是汽船下沉的时候漂出来的。几个女人正抱住它，唱歌的人就在其中，她是个很年轻的姑娘。大浪劈头盖脸地打下来，她却仍然镇定自若地唱着。

　　在等待救生船到来的时候，为了让其他妇女不丧失斗志，为了使她们不致因寒冷和失神而放开那根圆木头，她用自己的歌声给她们增添着精神和力量。

就像马金纳借助姑娘的歌声游靠过去一样，一艘小艇也以那优美的歌声为导航，终于穿过黑暗驶了过来。于是，马金纳、那唱歌的姑娘和其余的妇女都被救了上来。

（佚名）

马虎的小和尚

好习惯可以让一个人受益终生，坏习惯则可以毁掉你的一生。

有一个小和尚做起事情来常常丢三落四，为此方丈和师兄们没少告诫他，可在小和尚看来，丢三落四根本算不上是什么毛病。

寺庙里的生活十分单调，小和尚决定像师兄们一样学门手艺，这样日后还俗也有个出路。于是，方丈安排小和尚学习剃头，剃头简单好学，虽然挣不得什么大钱，但也足够给自己挣得一口饭吃。

小和尚做事丢三落四，学习手艺却十分用心。他每天都拿一个冬瓜练习剃头，渐渐地，竟然能够在冬瓜上游刃有余地施展各种剃头方法，就连方丈也忍不住开口夸赞他的高超技艺。

这一天，方丈坐在小和尚身边，看他用冬瓜练习剃头。碰巧一位师兄走了过来，要小和尚帮忙做件事，小和尚听了一把将剃头刀插在冬瓜上，打算办完事情回来再抽出刀子继续练习。

这个小小的举动吓坏了方丈。这个举动一旦成为习惯，待他真正给人剃头的时候，谁能保证他不会顺手把刀子插在客人头上？于是，方丈再三警告小和尚，一定要改掉这个坏毛病。

"师傅您放心，我这是练习，等真给客人剃头时，当然会多加小心的。"小和尚嘴上答应着，心里却并不把这当回事。

打那以后，小和尚练习剃头时，仍旧常常把刀子插在冬瓜上。方丈一次

次提醒，小和尚都是左耳朵听右耳朵冒，根本就没放在心上。

一年后，小和尚还俗的时间到了。临行前，方丈再三告诫他，一定要改掉丢三落四的毛病，尤其在给客人剃头的时候，千万别把客人的头当成冬瓜。

"知道，知道，师傅您放心！"小和尚笑着答应了。

可是，往冬瓜上插刀子，早就已经成为小和尚的一个习惯，更何况他根本就没有改掉这一习惯的想法。终于，小和尚犯下了大错。那天，小和尚正在给人剃头，旁边有人叫他递一件东西，他顺手就把剃头刀插在了客人头上。幸好，那位客人并没有生命危险，但是，那以后再也没有人敢找他剃头了。谁知道，小和尚会不会把自己的脑袋当冬瓜呢？

（佚名）

勇往直前

如果一个人把眼光拘泥于挫折的痛感之上，他就很难再抽出身来想一想自己下一步如何努力，最后如何成功。

很多人告诉自己："我已经尝试过了，不幸的是我失败了。"其实他们并没有搞清楚失败的真正含义。

大部分人在一生中都不会一帆风顺，难免会遭受挫折和不幸。但是成功者和失败者非常重要的一个区别就是，失败者总是把挫折当成失败，从而使每次挫折都能够深深打击他追求胜利的勇气；成功者则是从不言败，在一次又一次挫折面前，总是对自己说："我不是失败了，而是还没有成功。"

一个暂时失利的人，如果继续努力，打算赢回来，那么他今天的失利，就不是真正的失败。相反的，如果他失去了再次战斗的勇气，那就是真的输了！

美国著名电台广播员莎莉·拉菲尔在她 30 年的职业生涯中，曾经被辞退

18 次，可是她每次都放眼最高处，确立更远大的目标。

最初由于美国大部分的无线电台认为女性不能吸引观众，没有一家电台愿意雇佣她。她好不容易在纽约的一家电台谋求到一份差事，不久又遭辞退，说她跟不上时代。莎莉并没有因此而灰心丧气，她总结了失败的教训之后，又向国家广播公司电台推销她的清谈节目构想。

电台勉强答应了，但提出要她先在政治台主持节目。"我对政治所知不多，恐怕很难成功。"她也一度犹豫，但坚定的信心促使她大胆去尝试。

她对广播早已轻车熟路了，于是她利用自己的长处和平易近人的作风，大谈即将到来的 7 月 4 日国庆节对她自己有何种意义，还请观众打电话来畅谈他们的感受。听众立刻对这个节目产生兴趣，她也因此而一举成名了。

如今，莎莉·拉菲尔已经成为自办电视节目的主持人，曾两度获得重要的主持人奖项。她说："我被人辞退 18 次，本来会被这些厄运吓退，做不成我想做的事情。结果相反，我让它们鞭策我勇往直前。"

如果一个人把眼光拘泥于挫折的痛感之上，他就很难再抽出身来想一想自己下一步如何努力，最后如何成功。一个拳击运动员说："当你的左眼被打伤时，右眼还得睁得大大的，才能够看清敌人，也才能够有机会还手。如果右眼同时闭上，那么不但右眼要挨拳，恐怕连命也难保！"拳击就是这样，即使面对对手无比强劲的攻击，你还是得睁大眼睛面对受伤的感觉，如果不是这样的话一定会失败得更惨。

其实，人生又何尝不是这样呢？

（佚名）

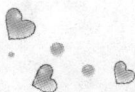

超越自我

　　很多没有不成功的人不是因为不够聪明，或者能力不够，只是因为有这样或那样的不良习惯而束缚了他们迈向成功的步伐，难以突破自己的坏习惯，不能超越自我。

　　巴西足球运动员贝利是一位天才级的"世界球王"，被人们称为赛场"黑珍珠"。他自幼酷爱足球运动，并很早就显示出他超人的才华。

　　有一次，小贝利参加了一场激烈的足球赛，累得喘不过气来。休息时，贝利向小伙伴要了一支烟。他得意地吸起烟，嘴里吐出一缕缕淡淡的烟雾。抽烟的感觉让小贝利有些儿陶醉了，刚才极度的疲劳也烟消云散了。这一幕，被坐在观众席上的父亲看到了，父亲的眉头皱起了一个大疙瘩。晚上，父亲坐在椅子上问贝利："你今天抽烟了？"

　　"抽了。"小贝利的父亲以前要求过他不要抽烟，此刻的小贝利意识到自己做错了事，红着脸，低下了头，准备接受父亲的训斥。

　　但是，父亲并没有发火。他从椅子上站起来，在屋里来来回回走了好半天，才平静地对贝利说："孩子，你踢球有几分天资，也许将来会有出息。可惜，你现在要抽烟了。抽烟，这是一个坏习惯，而且会损坏身体，会影响你的天资，使你在比赛时发挥不出应有的水平。"

　　小贝利的头低得更低了。父亲语重心长地接着说："你是我的儿子，作为父亲，我有责任教育你向好的方面努力，也有责任制止你的不良行为。但是，这更多的是我的美好愿望而已，你究竟是向好的方向努力，还是向坏的方向滑去，还是靠你自己。我只想问问你，是愿意做个有出息的运动员呢？还是愿意抽烟，把你的天赋给扼杀掉？孩子，你该懂事了，自己选择吧！"

　　说着，父亲还从口袋里掏出一叠钞票，递给贝利，并说道："如果你执意要抽烟的话，这点儿钱就作为你抽烟的经费吧！"父亲说完便走了出去。

小贝利望着父亲远去的背影，仔细回味着父亲那深沉而又恳切的话语，后悔地哭了。过了一阵儿，他止住哭声，擦干眼泪，拿起桌上的钞票还给了父亲，并坚决地说："爸爸，我再也不抽烟了，我一定要当个有出息的运动员。"

从此以后，贝利永远与香烟绝缘了，他刻苦训练，天赋得到了完美的展现，球艺飞速提高。15岁参加桑托斯职业足球队，16岁进入巴西国家队，并为巴西队永久占有"大力神杯"立下奇功。如今，贝利已经成为一个很成功的超级富翁，但他仍然不抽烟。

（佚名）

哥伦布

> 有了人生的梦想，要马上努力行动，梦想才有意义。

中世纪欧洲航海家哥伦布，曾经四次横渡大西洋，是第一位到达美洲新大陆的欧洲人。

哥伦布生于意大利热那亚市的工人家庭，自幼便热爱航海。哥伦布在求学的时候，偶然读到一本毕达哥拉斯的著作，书里说地球是圆的，哥伦布就将它牢记在了脑子里。

在当时，因为教会的关系，人们大多相信天圆地方，但哥伦布却对此产生质疑，他认为之所以帆船向大海起航后，船身由下而上渐渐消失的原因正是因为地球是圆的。

经过长时间的思索和研究，哥伦布大胆地提出，如果地球真是圆的，他便可以向西航海，一直走下去，也会到达东边的印度。

许多大学教授和哲学家们都耻笑他的想法。他们认为，他想向西方行驶，却想到达东方的印度，岂不是傻人说梦话？有人警告他：地球不是圆的，而是平的，如果一直向西航行，船队将驶到地球的边缘而掉下去。

　　然而，哥伦布对这个问题很自信，只可惜他家境贫寒，没有钱让他实现这个冒险的理想。为了印证他的想法，他先后向西班牙、葡萄牙、英国、法国等国的国王寻求协助，以实现出海西行至中国和印度的计划，但没有人愿意资助他。

　　哥伦布在到处游说了十几年后，于 1492 年，终于得到西班牙女王伊莎贝拉一世的资助。女王赞赏他的理想，送给他船只，这时，新的困难出现了：水手都很怕死，没人愿意跟随他去。

　　哥伦布并不气馁，他跑到海边，终于说动了几位水手，又请求女王释放了狱中的死囚，答应他们，如果冒险成功，就可以免罪恢复自由。

　　1492 年 8 月，哥伦布率领三艘帆船，开始了一个划时代的航行。

　　刚航行几天，就有两艘船破了，不久船队在大面积的海藻中陷入了进退两难的险境。哥伦布率领众人一点点拨开海藻，船队才继续航行。

　　船队在浩瀚无垠的大西洋中向西航行，一直航行了六七十天，还是不见大陆的踪影。水手们都失望了，他们要求返航。哥伦布恩威并施，一边鼓励一边恫吓，总算制伏了船员。天无绝人之路，有一天，哥伦布忽然看见有一群飞鸟向西南方向飞去。海鸟总是飞向有食物、适于生存的地方，哥伦布预料到附近可能有陆地。他立即命令船队改变航向，紧跟这群飞鸟。

　　不久，哥伦布发现了美洲新大陆，以新大陆的发现者闻名世界。可以想象，如果哥伦布不去积极行动寻求资助，一味地等下去，美洲大陆的发现者可能就是别人了。

（佚名）

未雨绸缪的智慧

眼光要放长远些，学会未雨绸缪，多掌握一些生存的技能和智慧，这样，未来便会多几分机会和把握。

在 20 世纪 80 年代，一位高中毕业下乡插队的女士顶替父职到了某企业工作，先后当过基层工人、车间调度、总公司办公室收发兼档案管理，她一直兢兢业业，任劳任怨。

后来，企业开始不景气起来，很多单位已经开始进行机构改革与调整，大量的人员下岗。这位女士意识到：自己的单位肯定也要进行机构改革、裁减人员是早晚的事情。

而自己该怎么办呢？她意识到自己年龄大、学历低，又没有一技之长，下岗的威胁时刻缠绕着她。她思虑再三，决心进行自救，一定要在短期内掌握一技之长。

在平时的工作中，她经常帮打字员校对文稿，她发现那位打字员工作极不负责，不仅打字速度慢，而且问题很多，校对后还要耗时修改，工作效率很低。公司里的几位老总早就对他不满了。如果将来机构改革，裁减人员的话，打字员迟早要被辞退的。

于是，这位女士利用空闲时间苦练电脑打字技术，当时的她已经 40 多岁了，重新开始接触电脑这个新生事物，确实很不容易。经过大半年的刻苦练习，她的录入速度提高到每分钟 60 字，而且工作认真，准确率相当高，几乎可以免除校对了。她还掌握了文稿排版的知识，她排出来的文稿美观大方、文字摆放疏密有致，令人赞不绝口。

不久，机构果然进行精简，一位学档案管理专业的大学生接替了她的工作，她则被聘为办公室打字员，而那位比她年轻得多的前任打字员则无可奈何地下了岗。

（佚名）

我有一个梦

　　你要求的次数愈多，你就越容易得到你要的东西，而且连带地也会得到更多乐趣。

　　如果你说当今世界最伟大的女推销员是个黄毛丫头，她也不会介意。因为玛奇塔自 7 岁起，便以卖女童军饼干赚进了 8 万多美金。

　　玛奇塔 13 岁那年发现了推销的秘诀后，便在放学后挨家挨户推销饼干。原来害羞得要命的玛奇塔，后来竟变成卖饼干的高手。

　　这一切都起始于愿望——火红炽热的愿望。

　　对玛奇塔和她的母亲而言，她们的梦想就是能环游世界。玛奇塔的父亲在她 8 岁时抛下了她们母女俩，之后，玛奇塔的母亲便在纽约当服务生糊口。

　　有一天玛奇塔的母亲对她说："我要努力赚钱让你上大学，等你大学毕业后，你就可以赚足够的钱让我们去环游世界，好不好？"

　　因此 13 岁的玛奇塔从女童军杂志上获知，卖最多饼干的童子军可以带另一人免费环游世界，她就决定尽全力卖出女童军饼干，她要缔造史无前例的女童军饼干销售纪录！

　　但仅有欲望是不够的，为了使梦想实现，玛奇塔知道她必须有个计划。

　　玛奇塔的姑姑建议她："随时随地要服装合宜，穿上代表你专业精神的行头。做生意时，就要穿得像生意人，穿上女童军制服，在四点半或六点半去推销，尤其是在礼拜五晚上去公寓的住家推销时，你要请他们多订些饼干，并随时面带微笑，不管他们买不买，你都要彬彬有礼。不要求他们买你的饼干，而是请他们投资。"

　　或许有很多其他的童子军都想环游世界，或许他们也都有自己的计划，但只有玛奇塔每天放学后穿着她的制服，随时随地且锲而不舍地请人投资她的梦想。

　　她会在门口对应门的人说："嗨！我有一个梦，借由推销饼干，我可以为我和我妈妈赢得免费的环球之旅，你要不要投资一打或两打饼干？"

　　玛奇塔那年卖了 3526 盒女童军饼干，并赢得了她的环球之旅。从那时候开始，她又卖掉了 42000 多盒的女童军饼干，她也在全国各地的推销大会上演说，并在一部描述她冒险历程的迪斯尼电影中演出。此外，她还是畅销书《如何卖出更多饼干》《凯迪拉克》《电脑》及《其他重要的事》的作者之一。

　　和其他数以千计心怀梦想的老老少少比起来，玛奇塔并不很聪明，也不见得更外向大方。差别在于玛奇塔发现了销售的秘诀，那就是要求、要求、再要求。许多人在尚未开始前就失败了，因为他们没有请求别人给他们想要的东西。不管我们推销的东西为何，我们总是在别人有机会拒绝之前，就因为害怕被拒绝而先否定了自己。

　　我们每个人都在推销，玛奇塔 14 岁时说道："我们每天都在推销自己，你在学校推销自己、你把自己推销给你的老板及新认识的人。我妈妈是个服务生，她推销每日特餐，想得到选票的市长和总统也是在推销……萧屏是我最喜欢的老师之一，她把地理课教得很有趣，这的确是高明的推销……我举目所见尽是推销，推销是整个世界的一部分。"

　　要求别人给你想要的东西是需要勇气的，勇气不仅是不害怕，而是尽管内心有恐惧，但仍去完成必须做的事情。正如玛奇塔所体会到的——你要求的次数愈多，你就越容易得到你要的东西，而且连带地也会得到更多乐趣。

（佚名）

砌墙工

　　不同的人生志向决定了不同的命运：想得最远的也是走得最远的，没有想法的人只能在原地踏步。

　　有一个富翁要为一所学校投资建造一座漂亮的图书馆，好让更多的孩子在更好的环境里读书，于是请了一个建筑公司来工作。

一天，富翁没有什么事情可做，就独自一人来到工地上，看看工程进展如何。他看到三个工人正在砌墙，而脸上流露出的表情却截然不同：一个唉声叹气；一个严肃认真；另外一个却兴高采烈，嘴中还哼着小曲。

富翁看到这种情况后，很奇怪，便走过去，问他们："老兄啊，你们在做什么？"

"你没有看到吗？我们正在砌一堵墙。这种工作我已经干了7年了，实在是无聊透顶！每天都这样机械乏味，而且永远没有尽头。我早厌倦这样的生活了，如果不是还要养家糊口，我早不干了！"第一个工人哭丧着脸说。

第二个工人则平静地说："我在建造一所宏伟的高楼，这座楼有八层高，我们将采用最先进最环保的材料来建造，完工后肯定是这座城市最棒的图书馆。"

第三个工人愉快地说："我正在建造一座城市。因为这里将是孩子们读书的地方，孩子们长大后又将为这座城市的美好未来添砖加瓦，所以，我满怀期待！"

10年过去了。第一个工人仍旧穿着又脏又旧的工作服在工地上砌墙，而第二个工人则坐在宽敞明亮的办公室里画图纸，他成了工程师；第三个工人呢，他已经成为前面那两个人的老板了。

（佚名）

老人的圈套

　　当麻烦不能直接解决的时候，不妨用用间接的手段，也可以曲线救国的。

在美国的芝加哥，有一位老人退休了，打算找一个安静的地方，安享晚年。千挑万选，终于在一所学校的附近买了一栋简朴的住宅，这里的环境让他很满意。

　　刚入住的几个星期，这里很安静，老人觉得自己找的地方实在是好极了。可是好景没持续多长时间，就有三个年轻人开始在附近踢所有的垃圾桶，附近的居民深受其害，对他们的恶作剧，采取了各种各样的办法，好言相劝过，也吓唬过他们，可一直没有作用，等到人一走，他们又开始踢。邻居们无计可施，也只好听之任之。

　　这位老人实在受不了他们制造的噪音，就想办法让他们离开。

　　老人想到了一个办法。他出去跟这些年轻人谈判："小伙子们，我想你们一定玩得很开心，我年轻的时候也经常做这样的事情。你们能不能帮我一个忙？如果你们每天来踢这些垃圾桶，我每天给你们一美元。"

　　这三个年轻人很快就同意了，于是，他们使劲地踢所有的垃圾桶。

　　过了几天，这位老人愁容满面地去找他们，"通货膨胀减少了我的收入，"他说，"从现在起，我只能给你们五十美分了。"

　　这三个年轻人有点儿不满意，但还是接受了老人的钱，每天下午继续踢垃圾桶，可是，却没有以前那么卖力踢了。

　　几天后，老人又来找他们。"瞧！"面带难色地说，"很抱歉，以后我只能给你们 25 美分了。因为我最近没有收到养老金支票，这样可以吗？"

　　"你当我们是什么了？乞丐吗？只有 25 美分！"一个年轻人大叫道，"你以为我们会为了区区 25 美分浪费时间，在这里踢垃圾桶？不成，我们不干了！"从此以后，老人过上了安静的日子。

　　老人的目的是想让这几位年轻人不要来踢垃圾桶，但他却有意花钱请他们来，并不断减少"报酬"。结果，这几位年轻人中了"圈套"，也停止了捣乱。

（佚名）

第三辑　细节的魅力

　　近年来，我开始有意识地储存细节，追求细节，也懂得珍爱细节。这一个个细节也成了我生活中的一页页教科书，使我懂得生命的动人之处恰恰在于苦与乐、光与暗、得与失、受伤与复原戏剧性的交换，恰在于善与恶、美与丑的冲突。

　　那至善至美至真、缠绕着丝丝柔情的细节，是永不枯败的。亡永存在你的精神中，直至生命之光消失。

生命清单

　　生命是有限的。趁生命还在的时候，抓紧时间去实现自己的梦想吧。

　　消化科病房里同时住进来两位病人，都是肚子不舒服。在等待化验结果期间。甲说，如果是癌，立即去旅行，并首先去布达拉宫。乙也同样如此表示。结果出来了。甲得的是肠癌，乙长的是肠息肉。

　　甲列了一张告别人生的计划表离开了医院，乙住了下来。甲的计划表是：去一趟布达拉宫和敦煌；从攀枝花坐船一直到长江口；到海南的三亚以椰子树为背景拍一张照片；在哈尔滨过一个冬天；从大连坐船到广西的北海；登上天安门；读完莎士比亚的四大悲剧；力争听一次瞎子阿炳原版的《二泉映月》；写一本书。凡此种种，共27条。

　　他在这张清单背面这么写道：我的一生有很多梦想，有的实现了，有的由于种种原因没有实现。现在我剩下的时间不多了，为了不遗憾地离开这个世界，我打算用生命的最后几年去实现最后的这27个梦。

　　当年，甲就辞掉了公司的职务，去了拉萨和敦煌。第二年，又以惊人的毅力和韧性通过了成人考试。这期间，他登上过天安门，去了内蒙古大草原，还在一户牧民家里住了一个星期。现在这位朋友正在实现他出一本书的夙愿。

　　有一天，乙在报上看到甲写的一篇散文，打电话去问甲的病。甲说，我真的无法想象，要不是这场病，我的生命该是多么的糟糕。是它提醒了我，去做自己想做的事，去实现自己想去实现的梦想。现在我才体味到什么是真正的生命和人生。你生活得也挺好吧！乙没有回答。因为在医院时说的去布达拉宫和敦煌的事，早已因患的不是癌症而抛到九霄云外去了。

　　其实，在这个世界上的每个人都患有一种绝症，那就是不可抗拒的死亡。我们之所以没有像那位患肠癌的人一样，列出一张生命的清单，抛开一切多余的东西，去实现梦想，去做自己想做的事，是因为我们认为我还会活得更久。然而，也许正是这一点量上的差别，使我们的生命有了质的不同：有些人把梦想变成了现实，有些人把梦想带进了坟墓。

（佚名）

磨刀不误砍柴工

埋头苦干本是很好的做事态度，可是一定要注重方法和效率，只有这样才能让你事半功倍。

一个年轻人刚刚在一家伐木厂找到工作。

上班的第一天，老板交给年轻人一把斧子，让他到人工种植林去砍树。年轻人十分珍惜这次难得的工作机会，

再加上他精力和体力充沛，所以上班第一天，他就砍倒了19棵大树。老板对这个成绩十分满意，不停地夸赞年轻人，而且对他许以很高的工资。年轻人别提有多高兴了，心里暗暗发誓，一定要好好工作，争取有更好的表现。

第二天，年轻人比前一天更加卖力地工作，他不停地挥舞着斧子，连擦汗的时间都没有，累得腰酸腿疼，胳膊更是累得抬不起来了。可是这一天下来，年轻人只砍倒了16棵树。

怎么回事？年轻人实在想不通，他明明比前一天更加卖力，怎么砍的树却比前一天少？或许还是不够认真？想到这里，年轻人决定要投入双倍的热情去工作，一定要超过第一天的表现。

结果，第三天下来，年轻人累得再也动不了了，却只砍倒了12棵树。

为什么成绩会一直下降？老板会不会认为我在偷懒？年轻人是个非常诚实的人，想到这里他觉得十分羞愧。老板对自己许以那么高的工资，自己怎能工作越来越差劲呢？于是，年轻人决定主动向老板道歉。

到了老板办公室，年轻人说明了自己的情况，并深刻地检讨自己，说自己真是没用，竟然越卖力干得越少。

"你多久磨一次斧子？"老板听了年轻人的话问道。

"磨斧子？"年轻人一听愣住了，"我把所有的时间都花在砍树上了，哪里有时间去磨斧子啊？"

"那你还是赶紧回去磨磨斧子吧。而且记住，每天工作前先磨磨自己的斧子。"老板平静地建议道。

（佚名）

过河的泥人

他只有以一种奇迹般的勇气和毅力，才能让生命的激流荡清灵魂的浊物，然后，照到自己本来就有的那颗金质的心。

某一天，上帝宣旨说，如果哪个泥人能够走过他指定的河流，他就会赐给这个泥人一颗永不消逝的金子般的心。

这道旨意下达之后，泥人们久久都没有回应。不知道过了多久，终于有一个小泥人站了出来，说他想过河。

"泥人怎么可能过河呢？你不要做梦了。"

"你知道肉体一点儿一点儿失去时的感觉吗？"

"你将会成为鱼虾的美味，连一根头发都不会留下……"

然而，这个小泥人还是决意要过河。他不想一辈子只做这么个小泥人。他想拥有自己的天堂。但是，他也知道，要到天堂，得先过地狱。

而他的地狱，就是他将要去经历的河流。

小泥人来到了河边，犹豫了片刻，他的双脚踏进水中，一种撕心裂肺的痛楚顿时覆盖了他。他感到自己的脚在飞快地溶化着，每一分每一秒都在

远离自己的身体。

"快回去吧，不然你会毁灭的！"河水咆哮着说。

小泥人没有回答，只是沉默着往前挪动，一步，一步。这一刻，他忽然明白，他的选择使他连后悔的资格都不具备了。如果倒退上岸，他就是一个残缺的泥人；在水中迟疑，只能够加快他的毁灭。而上帝给他的承诺，则比死亡还要遥远。

小泥人孤独而倔强地走着。这条河真宽啊，仿佛耗尽一生也走不到尽头似的。小泥人向对岸望去，看见了美丽的鲜花、碧绿的草地和快乐地飞翔着的小鸟。也许那就是天堂的生活。可是他付出一切也几乎不能抵达。上帝没有赐给他出生在天堂当花草的机会，也没有赐给他一双当小鸟的翅膀。但是，这能够埋怨上帝吗？上帝是允许他去做泥人的，是他自己放弃了安稳的生活。

小泥人以一种几乎不可能的方式向前挪动着，一厘米、一厘米、又一厘米……鱼虾贪婪地啄着他的身体，松软的泥沙使他每一瞬间都摇摇欲坠，有无数次，他都被波浪呛得几乎窒息。

小泥人真想躺下来休息一会儿啊。可他知道，一旦躺下他就会永远安眠，连痛苦的机会都会失去。他只能忍受、忍受、再忍受。

奇妙的是，每当小泥人觉得自己就要死去的时候，总有什么东西使他能够坚持到下一刻。

不知道过了多久——简直就到了让小泥人绝望的时候，小泥人突然发现，自己居然上岸了。他如释重负，欣喜若狂，正想往草坪上走，又怕自己身上的泥土玷污了天堂的洁净。他低下头，开始打量自己，却惊奇地发现，他已经什么都没有了——除了一颗金灿灿的心，而他的眼睛，正长在他的心上。

他什么都明白了：天堂里从来就没有什么幸运的事情。花草的种子先要穿越沉重黑暗的泥土才得以在阳光下发芽微笑，小鸟要跌打、失去了无数根羽毛才能够锤炼出凌空的翅膀，就连上帝，也不过是曾经在地狱中走了最长的路，挣扎得最艰难的那个人。而作为一个小小的泥人，他只有以一种奇迹般的勇气和毅力，才能让生命的激流荡清灵魂的浊物，然后，照到自己本来就有的那颗金质的心。

（佚名）

人生和信念

信念是生命的灯塔。信念要是破灭了，人便会迷失前进的方向，生命就变得没有意义。

在美国纽约，有一位年轻的警察叫亚瑟尔，在一次追捕行动中，他被歹徒的冲锋枪射中了左眼和右腿膝盖。三个月后，当他从医院出来时完全变了个样，一个英俊的小伙已成了一个又跛又瞎的残疾人。

纽约市政府和其他组织授予了他许多勋章和锦旗。记者问他："你以后将如何面对自己的命运呢？"他说："我只知道歹徒还没有被抓住。"他那只完好的眼睛里透露出一种令人颤栗的愤怒之光。这以后，亚瑟尔不顾别人的劝阻，多次参与抓捕那歹徒的行动，他几乎跑遍了整个美国，有一次，甚至为了一个微不足道的线索去了欧洲。

九年后，那个歹徒终于在亚洲某个小国被抓获了，亚瑟尔在行动中起了关键的作用。在庆功会上，他再次成了英雄，许多媒体都称他是全美最坚强、最勇敢的人，然而半年后，亚瑟尔却在卧室里割腕自杀了。在他的遗书中，人们读到了他自杀的原因："这些年来，让我活下去的信念就是抓住凶手……现在，伤害我的凶手被判刑了，我的恨也消了，生存的信念也随之消失了。面对自己的伤残，我从来没有这样绝望过……"

或许生命什么都可以缺，譬如失去一只眼睛，或者失去一条腿，但就是不能失去信念。

（佚名）

变是好事

一扇门如果关上，必定有另一扇门打开。

你说过多少遍"要是我们的生活能恢复如常……"却不知生命永不再回到任何地点，任何时间？变是宇宙间最恒久不变的事。明白了不管我们喜欢不喜欢，没有一样东西会停留不前，只会随时光流逝，我们就必须接受一切变化。由于两样东西永远不可能在同一空间同时并存，才会推陈出新，让我们有机会成长。

琳达的丈夫要调到距她的亲友千里之遥的一个城市去，令她沮丧非常。她肯定自己会很苦恼，她激烈抗拒，甚至暗自希望文夫不要带她一起去。

后来有一位朋友劝服了她，说太阳虽在一个生活领域落下，却会在另一个生活领域升起。她于是决定尽可能体面地接受这个改变。

为了交新朋友，她参加了绘画班。在绘画班里，她显露出自己从没梦想到的才华。不久之后，她的老师筹备了一次画展。琳达的作品竟然大受欢迎，从此许多人向她求画，委托她画海景，她很快就成为人们争相罗致的水彩画家了。

"我当时多么幼稚可笑，"她写信给她母亲说，"这次改变给了我一个机会，让我发挥自己可能永不会发现的才能。"

假如我们学会欣然接受变化，从中求富，对眼前的种种难题和烦恼就能处之泰然，因为我们知道"这一切都会过去"。

记住，一扇门如果关上，必定有另一扇门打开。

（佚名）

扳倒总统的人

你没有成功，往往不是你能力不够，而是你有没有一个明确的梦想，有没有强烈的成功欲望，有没有"非这样不可"的拼搏精神。

她是一个典型的丑小鸭，虽然出生在美国纽约的一个富有家庭，但是父母见她长得丑，都不愿意理她。因为从小就得不到多少来自父母的关爱，再加上长得丑，小女孩很自卑，性格越来越内向，见人就害怕。

在她 16 岁那年，在一次破产拍卖会上，父亲买下了一家报社。她大学毕业后，因为个性的原因，靠自己找一份工作很难，只好进入父亲的报社，担任读者来信版主编，月薪只有 25 美元。

但命运似乎还是眷顾她的。在报社里，她很幸运地遇到了一位年轻的律师。两年后，他们就结婚了。

婚后，她还是那么羞怯，常常躲在丈夫后面。出席宴会的时候，她总是被主人安排在不显眼的位置上，甚至连自己的家人也对她视而不见。

没过几年，父亲退休了，把报社大权交给了她的丈夫，而她就干脆回家相夫教子。如果生活就是这么平淡过下去，没什么悬念的话，她可能一辈子就是一个平凡而羞涩的女人。

但是，在她 46 岁的时候，变故发生了。因为报社经营不善，丈夫患上了严重的精神抑郁症，不久就开枪自杀身亡了。可想而知，丈夫突然间没了，这让她感到天都快塌下来了。

外界没有人看好这个柔弱胆怯的女人，几乎所有人都预言报社必将被出售。可是，出乎意料的是，她稍稍迟疑了一下，还是果断地接过权杖。她一下子像是换了一个人一样。

她上任后的第一件事就是换人。她不惜重金从各处网罗新闻精英，给他们绝对自由空间，让他们尽情发挥。她的想法大胆而实际：彻底改变报社传统老旧的风格，极力引进新潮、自由的新闻元素。

改革带来的效果极其显著，保守派们纷纷离去，报社的政治立场也发生了根本性的变化，越来越倾向于自由派立场。

1972年6月，5名男子因私自闯入水门饭店（民主党总部）而被捕。惮于压力，许多媒体都只是对此事轻轻带过。

在这种情况下，她却命令自己报社的记者深入调查，终于发现了一个秘密：共和党政府试图在民主党总部安装窃听器，破坏民主党的竞选活动。

谁都知道报道出这个新闻后的风险是什么，但是她没有退缩。

一切都是能够想象的：丑闻曝光后，总统生气了，司法部长更是暴跳如雷，扬言要她人头落地。但是这个柔弱的女人却毫不畏惧，为了自由与正义她不怕孤军奋战。

最终，她的正直与勇气，唤醒了美国各大新闻媒体，强大的舆论力量将位高权重的尼克松总统逼下了台。这就是震惊世界的"水门事件"。

就在这一年，她的报社的报道获得普利策奖，在美国确立了大报地位。她就是著名的《华盛顿邮报》的主人——凯瑟琳·格雷厄姆。

凯瑟琳上任时，报社总收入只有840万美元，其下子公司只有《新闻周刊》和两家电视台。到1993年她退休时，《华盛顿邮报》已发展成为包括报纸、杂志、电视台、有线电视和教育服务企业在内的庞大新闻集团，总收入达到14亿美元，在《财富》杂志500强中排行第271位。

这位羞涩、腼腆、胆小的丑女人，不但挽救了濒临倒闭的《华盛顿邮报》，而且还以一份报纸扳倒了总统，成为美国新闻史上的传奇人物，这恐怕是谁也没有想到的事情吧！

（佚名）

麦当劳的效率

　　一个人倘若没有良好的工作效率、学习效率，就是在浪费人生成本，浪费自己的生命。

　　快餐业的"服务效率"已成为竞争的关键，快餐消费者不仅希望所得到的食品是干净卫生的，更注重接受的服务效率。在快餐业中，麦当劳是一个十分著名的品牌，它几乎遍布世界各大、中城市，收入丰盈。麦当劳之所以能够取得这样的成功，就是因为它高效率的服务。

　　从你踏入麦当劳餐厅开始，你就进入了麦当劳高效率的服务体系中。在麦当劳，从顾客付钱到下单，再到顾客拿到食物，整个工作流程都会在 60 秒钟之内完成。

　　顾客点餐时，往往需要对餐馆所提供的食品进行选择。为了减少顾客选择的时间，麦当劳尽量减少食品数量，收银员还会向顾客推荐套餐，协助顾客点菜，这样就大大地降低了顾客点餐所消耗的时间，提高了点餐环节的效率。当顾客排队等候人数较多时，麦当劳会派出服务人员给排队顾客预点食品，这样，当该顾客到达收银台前时，只要将点餐单提供给收银员即可，提高了点餐的速度。

　　麦当劳在食品供应上的效率非常高，顾客点餐后只需要等 30 秒钟左右就能拿到所点的食品。麦当劳规定员工在食品供应时都应该小跑，以提高行动的速度。麦当劳还大力改进食品制作工艺，统筹安排适量库存，将顾客等候的时间从最初的 50 余秒缩短到 30 秒。

　　在注重效率的时代，效率就是生命。麦当劳能够取得如此巨大的成功，正是由于它一丝不苟地追求效率。

（佚名）

只要往下挖……

> 很多事人们不去做，并不是这些事不可能完成，而是人们认为它不可能完成。

1865 年，美国南北战争结束，林肯总统签署了美国历史上著名的《解放黑奴宣言》。一位名叫马维尔的记者采访了林肯。马维尔问道："据我所知，您并不是第一个提出废除黑奴制的美国总统，上两届总统都曾经想过这件事。而且，在他们在任期间，《解放黑奴宣言》已经草拟出来，可是他们都没有能够拿起笔去签署它。请问总统先生，他们是不是为了将这一伟大历史成就留下来，让您去成就英名？"

林肯回答说："也许吧。不过，我想，如果他们知道签署这个宣言所需要的仅仅是一点儿勇气，他们一定会懊丧极了。"

就在马维尔想继续提问的时候，林肯的马车远去了。马维尔甚至没有来得及弄清楚林肯的这句话到底是什么意思。对于这个负责任的记者来说，如果没有机会再次采访林肯总统，这只能成为永远的遗憾了。

直到 1914 年，林肯总统去世近 50 年了，马维尔虽然没有再次见到林肯总统，但是他终于理解了当时那句话的含义。因为他在林肯致朋友的一封信里找到了答案。在信里，林肯讲了自己幼年时的一段经历：

"我的父亲在西雅图有一处农场。因为农场里面有许多石头，所以父亲以较低的价格买下了农场。有一天，母亲觉得石头很碍事，于是提议把这些石头搬走。但是父亲反对说，不要白费力气了，那些不仅仅是石头，它们是一个一个的小山头，根部都连着大山。想想看，如果能搬走的话，主人干吗以这么低的价格把农场卖给我们。于是，这件事就这么搁下了。有一天，父亲去城里买东西，母亲再次提议把石头搬走。她带领着孩子们开始挖石头，结果一块块石头被挖了出来，搬走了。不长的时间，农场已经弄得很平坦。那些石头并不是父亲以为的山头，而是一块块孤零零的石头。只要往下挖，就能够弄出来。"

这件事在林肯的心里留下了深刻的印象。他告诉朋友，很多事人们不去做，并不是这些事不可能完成，而是人们认为它不可能完成。

（佚名）

百分之一的希望

> 希望就是希望，无所谓百分之一、千分之一。

如果别人告诉你，只有百分之一的希望，那么你会认为它是有希望，还是没希望？

战时在桂林，等车非常困难。有一天在马路上看到一张小招贴，说有一部车子开昆明，还有三个空位。招贴上的日子已经过了好几天了，哪里还有什么希望。谁知正是人人看了都以为没有希望的这三个位子，居然还有两个空着，正等着我和一个女同学——两个抱着何妨一试的心理去碰碰运气的人。然而，就是有了这次长途旅行，那位女同学变成了我的妻子。

又有一次，我的一个朋友急于要去某个城市，而交通却极其不便，等好几个月也难得有一次机会。终于我听到一个消息，我服务的那家公司买了两部新车，正好要开到那个地方去。我赶快去找运输部的主任。可是，他对我说："迟了，太迟了，老早都满了，都是我们自己公司的眷属。"

我没有立即走开，我尝试着去捕捉那个看不见的希望。就在我临走时，他说'这样吧，你让你那个朋友明天一早带着行李来，如果临时有人没来，他就可以走了。不过，这只是百分之一的希望。"

回去之后，我问朋友们："你们说，这件事到底有没有希望？"

"百分之一的希望就等于没有希望。"

"希望就是希望，无所谓百分之一、千分之一。"

　　我呢，一个晚上没有说话，这两种观念不断地在我心中斗争，而一个人对于明知没有希望的事，是很难提起劲儿去做的。

　　第二天，我起得很早，天还没亮。我们决定去试试，只当做一次演习好了。我们要走很远一段路，还要扛着行李。一路上我们都不想讲话，一个不知成败的等待盘踞在我们心中。我们紧张而又沉静地等着，等着。两部车停在街边，要走的人一批跟着一批来了，大家都充满了兴奋，只有我跟我的朋友不断地看着手表。

　　已经到开车的时间了，我们只等车子开动，证明我们的希望是完全破灭了。

　　正在这时，那个主任过来了，大声向我说："你的朋友呢，叫他赶快交费吧，有一个人没有来，我们再等一刻钟，如果他还不来，那就是你朋友的了！"

　　我们交了钱，却还不能高兴，反而更加紧张。要是那个人终于赶到了呢？

　　漫长的一刻钟之后，终于，我的朋友上了车。回去之后，朋友们都惊异、怀疑，说我在撒谎。这时我才知道他们全体都不相信这是可能的，包括那个说"希望就是希望"的人在内。虽然如此，我还是非常感激他那句话：

　　希望就是希望，无所谓百分之一、千分之一。

（佚名）

积少成多

　　再短的时间，如果能有效地充分利用，积少成多，也会变得很有价值。

　　卡尔小时候，有一位叫穆德的钢琴教师。有一天，穆德教课的时候，忽然问小卡尔："你每天会花费多少时间练习钢琴？"

　　"大约每天三四个小时。"

　　"你每天都有这么长这么固定的时间吗？会不会每天都随机抽点儿时间练习？"

"我觉得每天有计划的练习才好。"

"不,不要这样!"穆德说,"你将来长大以后,会有很多你要做的事情。这样每天就不会像现在这样,有很长的空闲时间。你可以养成习惯,一有空闲就几分钟几分钟地练习。比如在你上学以前,或在午饭后,或在工作的休息余闲,5分钟5分钟地去练习。把小的练习时间分散在一天里面,如此这般,练习钢琴就成了你生活的一部分了。"

那个时候,11岁的卡尔对穆德的忠告未加注意,但后来回想起来真是至理名言,也因为这点忠告,他得到了不可限量的益处。

当卡尔念高中的时候,他想兼职从事创作。可是上课,做作业,复习等事情把他白天和晚上的时间完全占满了。差不多有两个年头,他没有写过一个字,他的借口是"太忙了,一点儿时间都没有"。后来,他突然想起了穆德先生告诉他的话,到了下一个星期,他就把穆德的话实践起来。每天只要有时间,哪怕只是5分钟,他就坐下来写点儿东西,有些时候可能不到100字,有些时候也许只是短短的几行。

出乎意料,一个星期过去了,卡尔竟写出了相当多的稿子。

后来,他用同样积少成多的方法,创作长篇小说。学校的课程虽一天繁重于一天,但是每天仍有许多可以利用的短短余闲。在考取理想大学的同时,他的钢琴也通过了9级,而且还发表了十几万字的作品。

(佚名)

没什么不可能

只要愿意去做,这世上没有什么事情是不可能的。

1992年,一位刚拿到律师资格证的湖北大学生在北京进修。他听说司法部正在举办中国首期证券资格律师培训班。如果能拿到这块"敲门砖",意味着成功近在咫尺。

第二天，他找到主管培训班的处长，得到的回答是："参加培训的都是资深律师，每个省只有一两个名额。你没有审批手续，不可能参加这期培训班！"

大学生说："我想交钱旁听，您可以给我一张旁听证吗？"

处长表示绝不可能。

第二天早上5点多，他转乘了3辆公交车，早早出现在培训楼门口。因为没有听课证，值班门卫不让他进去。快8点时，他发现工作人员在搬培训资料，就趁门卫不注意，连忙赶上去帮忙。

从一楼到六楼，别人跑一趟，他跑三趟，虽然挥汗如雨，但不敢丝毫倦怠。那位处长认出了他："你别这么故意感动我好不好？我就是让你旁听，即使考过了，你没有报批手续，也不可能得到资格证……要不我让你去听课，但即使考试通过了，你也别再来找我！"

3个月的培训，大学生很刻苦。结果，他得了全班第三名，而前50名就可以拿到资格证。拿到成绩单后，他硬着头皮找到那位处长。处长终于感动了，他当即向部领导详细汇报了情况。就这样，大学生得到了他梦寐以求的资格证。

10年之后，那个大学生连续两届当选为"湖北省十佳律师"，又当选为"湖北省十大杰出青年"，他就是该省唯一获得司法部授予的"部级文明律师事务所"荣誉称号的湖北得伟律师事务所主任——蔡学恩。

（佚名）

让全世界知道我

伟大的人物从来不承认生活是不可改造的，他也许会对他当时所处的环境不满意，不过他的不满意不但不会使他抱怨和不快乐，反而会使他充满一股热忱想闯出一番事业来。

拿破仑的父亲是一个极高傲但是穷困的科西嘉贵族。父亲把拿破仑送进了一个贵族学校，在这里与拿破仑往来的都是一些在他面前极力夸耀自己富有而讥讽他穷苦的同学。这种一致讥讽他的行为，虽然激起了他的愤怒，但他却只能一筹莫展，屈服在威势之下。

后来他实在受不住了，拿破仑便写信给父亲，说道"为了忍受这些外国孩子的嘲笑，我实在疲于解释我的贫困了，他们唯一高于我的便是金钱，至于说到高尚的思想，他们是远在我之下的。难道我应当在这些富有高傲的人之下谦卑下去吗？"

"我们没有钱，但是你必须在那里读书。"这是他父亲的回答，因此使他忍受了5年的痛苦。但是每一种嘲笑，每一种欺侮，每一种轻视的态度，都使他增加了决心，他发誓要做给他们看看，他确实是高于他们的。

他是如何做的呢？这当然不是一件容易的事，他一点儿也不空口自夸，他只在心里暗暗计划，决定利用这些没有头脑却傲慢的人作为桥梁，去使自己得到技能、富有、名誉和地位。

等他到了部队时，看见他的同伴正在用多余的时间赌博。而他那不受人喜欢的体格使他决定改变方针，用埋头读书的方法，去努力和他们竞争。

读书是和呼吸一样自由的。因为他可以不花钱在图书馆里借书读，这使他得到了很大的收获。他并不是读没有意义的书，也不是专以读书来消遣自己的烦恼，而是为自己将来的理想做准备。他下定决心要让全天下的人知道自己的才华。因此，在他选择图书时，也就是以这种决心为选择的范围。

他住在一个既小又闷的房间内。在这里，他脸无血色，孤寂，沉闷，但是他却不停地读下去。他想象自己是一个总司令，将科西嘉岛的地图画出来，地图上清楚地指出哪些地方应当布置防范，这是用数学的方法精确地计算出来的。因此，他数学的才能获得了提高，这使他第一次有机会表示他能做什么。

他的长官看见拿破仑的学问很好，便派他在操练场上执行一些工作，这是需要极复杂的计算能力的。他的工作做得极好，于是他又获得了新的机会，拿破仑开始走上有权势的道路了。

这时，一切的情形都改变了。从前嘲笑他的人，现在都涌到他面前来，想分享一点儿他得的奖励金；从前轻视他的，现在都希望成为他的朋友，从前揶揄他是一个矮小、无用、死用功的人，现在也都改为尊重他。他们都变成了他的忠实拥戴者。

难道这是天才所造成的奇异改变的吗？抑或是因为他不停地工作而得到的成功呢？他确实是聪明，他也确实是肯下工夫，不过还有一种力量比知识或苦工来得更为重要，那就是他那种想超过戏弄他的人的决心。

（佚名）

给自己松绑

随你的热情，追随你的心灵，它们将带你到想要去的地方。

剑桥郡的世界第一名女性打击乐独奏家伊芙琳·格兰妮说："从一开始我就决定：一定不要让其他人的观点阻挡我成为一名音乐家的热情。"

她成长在苏格兰东北部的一个农场，从8岁时就开始学习钢琴，随着年龄的增长，她对音乐的热情与日俱增。

但不幸的是，她的听力却在逐渐地下降，医生们断定是由于难以康复的神经损伤造成的，而且断定到12岁，她将彻底耳聋。可是，她对音乐的热爱却从未停止过。

她的目标是成为打击乐独奏家，虽然当时并没有这么一位音乐家。为了演奏，她学会了用不同的方法"聆听"其他人演奏的音乐。她只穿着长裤演奏，这样她就能通过她的身体和想象感觉到每个音符的震动，她几乎用她所有的感官来感受着她的整个声音世界。

她决心成为一名音乐家，而不是一名聋的音乐家，于是她向伦敦著名的皇家音乐学院提出了申请。

因为以前从来没有一个聋学生提出过申请，所以一些老师反对接受她入学。但是她的演奏征服了所有的老师，她顺利地入了学，并在毕业时荣获了学院的最高荣誉奖。

□□从那以后，她的目标就致力于成为第一位专职的打击乐独奏家，并且为打击乐独奏谱写和改编了很多乐章,因为那时几乎没有专为打击乐而谱写的乐谱。

至今,她成为独奏家已经有十几年的时间了,因为她很早就下了决心,不会仅仅由于医生诊断她完全变聋而放弃追求,因为医生的诊断并不意味着她的热情和信心不会有结果。

不要被他人的论断束缚了自己前进的步伐。追随你的热情,追随你的心灵,它们将带你到想要去的地方。

(佚名)

活在希望中

生命是有限的,但希望是无限的。只要我们不忘每天给自己一个希望,我们就一定能够拥有一个丰富多彩的人生。

亚历山大大帝给希腊世界和东方、远东的世界带来了文化的融合,开辟了一直影响到现在的丝绸之路的丰饶世界。据说他投入了全部青春的活力,出发远征波斯之际,曾将他所有的财产分给了臣下。

为了登上征伐波斯的漫长征途,他必须买进种种军需品和粮食等物,为此他需要巨额的资金。尽管如此,他为了斩断一般将士都必然怀有的儿女私情,轻身出发,将所有的王室财产,从珍爱的财宝到他拥有的土地,几乎全部都给臣下分配光了。

群臣之一的庇尔狄迦斯深以为怪,便问亚历山大大帝说:"陛下带什么启程呢?"

对此,亚历山大回答说:

"我只有一个财宝,那就是'希望'。"

据说,庇尔狄迦斯听了这个回答以后说:"那么请允许我们也来分享它吧。"于是他谢绝了分配给他的财产,而且臣下中的许多人也仿效了他的做法。

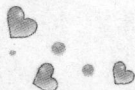

我的恩师，户田城圣创价学会第二代会长，经常向我们青年说："人生不能无希望，所有的人都是生活在希望当中的。假如真的有人是生活在无望的人生当中，那么他只能是败者。"人很容易遇到些许的失败或障碍，于是悲观失望，消沉下去。或在严酷的现实面前，失掉活下去的勇气；或恨怨他人；结果落得个唉声叹气、牢骚满腹。其实，身处逆境而不丢掉希望的人，肯定会打开一条活路，在内心里也会体会到真正的人生欢乐。

保持"希望"的人生是有力的，失掉"希望"的人生则通向失败之路。"希望"是人生的力量，在心里一直抱有美"梦"的人是幸福的。也可以说，抱有"希望"活下去，是只有人类才被赋予的特权。只有人，才由其自身产生出面向未来的希望之"光"，才能创造自己的人生。

在走向人生这个征途中，最重要的既不是财产，也不是地位，而是在自己胸中像火焰一般熊熊燃起的一念，即"希望"。因为那种毫不计较得失、为了巨大希望而活下去的人，肯定会生出勇气，不以困难为事，肯定会激发出巨大的激情，开始闪烁出洞察现实的睿智之光。只有睿智之光与时俱增、终生怀有希望的人；才是具有最高信念的人，才会成为人生的胜利者。

（佚名）

凡事要想开点儿

只要有一线希望，就应奋斗不止。但对无可挽回的事，就要想开点儿，不要强求不可能的结果。

小时候有一天，我到一间没人住的破屋里玩。玩累后把脚放在窗台上歇着时，一点儿声响惊得我一跃而起，没想到左手食指上的戒指此时钩住了一只铁钉，竟把手指拉断了。

我当时吓呆了，认为今生全完了。但是后来手伤痊愈，也就再没为这事烦恼。现在我几乎从不想到左手只剩四根手指。

几年前，我在纽约遇见个开电梯的工人，他失去了左臂。我问他是否感到不便。他说："只有在纫针的时候才会感到。"

人在身处逆境时，适应环境的能力实在惊人。

人可以忍受不幸，也可以战胜不幸，因为人有着惊人的潜力，只要立志发挥它，就一定能渡过难关。

小说家达克顿曾认为除双目失明外，他可以忍受生活上的任何打击。但当他 60 多岁、双目真的失明后，却说："原来失明也可忍受。人能忍受一切不幸，即使所有感官都丧失知觉，我也能在心灵中继续活着。"

我并不主张人应逆来顺受，就是说，只要有一线希望，就应奋斗不止。但对无可挽回的事，就要想开点儿，不要强求不可能的结果。

话剧演员波尔赫德就是这样一位达观的女性。她风靡在四大洲的戏剧舞台达 50 多年。当她 71 岁在巴黎时，突然发现自己破产了。更糟糕的是，她在乘船横渡大西洋时，不小心摔了一跤，腿部伤势严重，引起了静脉炎。医生认为必须把腿部切除。他不敢把这个决定告诉波尔赫德，怕她忍受不了这个打击。可是他错了。波尔赫德注视着这位医生，平静地说："既然没有别的办法，就这么办吧。

手术那天，她在轮椅上高声朗诵戏里的一段台词。有人问她是否在安慰自己。她回答："不，我是在安慰医生和护士。他们太辛苦了。"

后来，波尔赫德继续在世界各地演出，又重新在舞台上工作了七年。

用精力和不可避免的事情抗争，就不能再有精力重建新生。为什么车子的轮胎能经得起长途辗磨呢？开始人们设计出很硬的抗震车胎，但用不了多久，就被震得七零八落。后来造出有弹力的防震车胎，这才经得住磨损。如果我们也能像这种车胎一样，那我们也会生活得稳定和长久。

(佚名)

向往成功的年轻人

　　珍惜生命中的每一分钟，从身边的每一件小事做起，这样方能厚积薄发，到达成功的目的地。

　　有一位年轻人向往成功，可一直都在失败，为此他郁郁寡欢。一天，他给著名教育家本杰明打了一个求救电话，渴望得到本杰明的指点。本杰明约好了时间，让这个年轻人去他家里。

　　待那个年轻人如约而至时，本杰明的房门敞开着，眼前的景象令年轻人颇感意外：本杰明的房间乱七八糟、一片狼藉。

　　没等年轻人开口，本杰明就招呼道："你看我这房间，太不整洁了，请你在门外等候一分钟，我收拾一下，你再进来吧。"

　　不到一分钟的时间，本杰明就又打开了房门，热情地把年轻人让进客厅。这时，年轻人的眼前展现出另一番景象：房间内的一切已变得井然有序，而且还有两杯刚刚倒好的红酒。

　　待年轻人整理好自己满腹的有关人生和事业的疑难问题，准备向本杰明一一倾诉时，不料本杰明举起杯子，非常客气地向年轻人说道："干杯。你可以走了。"

　　年轻人手持酒杯一下子愣住了，既尴尬又非常遗憾地说："可是，我……我还没向您请教呢？"

　　"这些……难道还不够吗？"本杰明一边微微笑着一边扫视着自己的房间，轻声细语地说，"你进来又有一分钟了。"

　　"一分钟……一分钟……"青年人若有所思地说，"我懂了，您让我明白了一分钟的时间可以做许多事情，可以改变许多事情的深刻道理。"本杰明舒心地笑了。

　　（佚名）

处处充满欢乐

去爬更多的山峰；吃更多的冰激凌；更经常地赤脚行走；到更多的河流中去畅游更经常地去看日落，更多地开怀大笑。活着，就尽情地享受人生！

在我们潜意识的深处是一幅美好的田园景象：我们看到自己坐着火车，行进在一条横跨大陆的漫长的旅程中，吸吮着饮料，透过车窗，能看到近处高速公路上流动着的车辆；十字路口上向我们挥手致意的孩子；小山旁吃草的牛群；从发电站喷吐而出的烟雾；一片片连绵不断的玉米、麦子；山川和溪谷；城市建筑的空中轮廓和乡村的小山坡。

可是在我们心目中，目的地才是最最重要的。在特定的一天，特定的时辰，我们的火车将要进站，美好的梦想即将变成现实，正像拼板玩具一样，我们生活中零星的片断将被组合在一起。我们是多么烦躁不安，踱步于车厢的过道中，诅咒着这些慢悠悠的分分秒秒——等着，等着……

"如果我到了车站，事情就妥了。"我们这样安慰自己。"如果我 18 岁。""如果我最小的孩子从大学毕业。""如果我付清抵押契据""如果我得到提升""如果我退休，我就可以永远地享受人生！"

但或迟或早，我们全明白，生活中根本不存在什么车站，也没有什么以上可以到达的地方。生活中真正的乐趣就是旅行。车站只不过是一个梦，永远可望而不可及，把我们远远地抛在后面。

"珍惜现在"是一句挺好的座右铭，特别是当你把它与《诗篇》中的第一百一十八章第二十四条联系起来的时候："是上帝创造了这一天，我们将举杯庆贺，并深深陶醉于其中。"

那么，停住过道中踱来踱去的脚步，停止计算剩下的路程。取而代之的

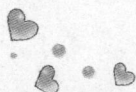

是，去爬更多的山峰；吃更多的冰激淋；更经常地赤脚行走；到更多的河流中去畅游更经常地去看日落，更多地开怀大笑。活着，就尽情地享受人生！

（佚名）

我能行

只要有梦想，艰苦的环境，坎坷的道路，不仅不能阻止我们，反而能磨炼我们的意志，增长我们的上进心，证明"我能行"。

小时候，我认为父亲是世界上最吝啬、最小气的人。我敢肯定他根本不想让我拥有那辆我梦寐以求的自行车。在许多事情上，父亲和我的看法不一致。我们又怎么可能一致呢？

我是个 10 岁的小流浪儿。最大的幸福就是想出办法来让自己少工作一些，好有时间去我家附近的黄石公园狂玩一阵。而父亲是个工作努力、任劳任怨的人。在我梦寐以求的自行车出现在马克·法克斯的商店之前，父亲和我已经在柴房里就我兜售报纸的方式理论过几次了。

我卖报赚的钱，一半交给母亲，用于添置衣服；四分之一存入银行，以备将来之用；只有剩下的四分之一才归我支配。所以，我只有多卖报，手里的钱才会多起来。于是，我不断努力提高我的销售份额。

我的办法是：在推销时，竭力唤起别人的同情心。比如，夏季的一天，我在黄石操场里叫喊着："卖报，卖《蒙大拿标准报》，有谁愿意从我这个苦命的长着斗鸡眼的孤儿手里买份报纸?!"

恰巧那时，父亲从一个朋友的帐篷里出来。他把我押回家，我们进了柴房，他把给我的报酬从四分之一削减到八分之一。

两星期后，我的收入又下降了。我的朋友杰姆进门时，我正和家人吃饭。

他把一堆硬币放在桌上，并要我给他报酬，即五分镍币。我难为情地给了他。因为我用五分钱骗他替我卖报纸。这样，我就有空去养殖场看鱼玩。

父亲立即看穿了我的"把戏"。然后，在柴房里，父亲铁青着脸说："儿子，你应该知道，杰姆是我老板的儿子。"我的收入缩减到十六分之一。

没过多久，情况变得更糟了。因为父亲注意到我时不时地吃蛋卷冰激凌，而这应该是我缩减了的收入所不能承受的。

身无分文并没让我很苦恼，直到有一天，当我在法克斯商店闲逛时，一辆红色的自行车闯入我的眼帘，就再也从我的眼前挥之不去了。我觉得它是世界上最漂亮的车。

它激起我最奢侈的白日梦：我梦见自己骑着它越过山坡，绕过波光粼粼的湖泊、小溪，最后，疲惫而快乐的我，躺在长满野花的僻静的草地上，把自行车紧紧抱着，紧贴在胸口。

我走到正在修理汽车的父亲身边。

"要我做什么吗，爸爸？"

"不，儿子。谢谢。"

我站在那儿，看着地面，开始用靴尖刮地，把车道都快刮干净了。

"爸爸。"

"哦？"

"爸爸，今年你和妈妈不必送我圣诞礼物了。今后 20 年也不用送了。"

"儿子，我知道你很喜欢那辆自行车。可是，咱们买不起啊！"

"我会把钱还你的，加倍还！"

"儿子，你在工作。你可以存钱买它啊！"

"可是爸爸，你总是要拿走一部分去买衣服。"

"杰克，关于那一点，我们早已谈妥了。你知道，我们都应该尽自己的力。来，坐下来，让我们想想办法。如果你一个月少看两场电影，少吃三个蛋卷冰激凌，少吃两袋玉米花。如果你不去买弹子玩……噢，这个夏天，你就能存 3 美元了。"

"可爸爸，买自行车需要 20 美元。那样节省，我仍然差 17 美元。照那样的速度，还没买到车我都老了。"

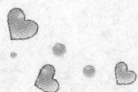

父亲忍不住笑了，"儿子，我可不这样想。"

"有什么好笑的。"我嘟哝道。这么严肃的事，他居然会笑，我简直气坏了。我转过身，背对着他。突然，一个奇怪的念头在我脑海里一闪，也许我真的能做一些我以为不可能的事。

就把它当成是一次挑战吧！被父亲的强硬态度所激怒，受那份对自行车的挚爱感情驱使，我开始不辞辛苦地工作、攒钱。

我拼命地卖报，不看电影，不买玉米花、冰激凌。30分，65分，1美元，1美元50分。我一分一分地攒，努力不去想离20美元还有多遥远。

然后，一件意想不到的事发生了。乔飞先生——父亲的一个朋友——公园管理员叫我到他那儿去。

"杰克，"他说，"这段时间，我需要一个送信员，报酬是六星期13美元。你要这份工作吗？"

我要不要？简直是求之不得呢！父亲说，因为报酬高，我只需要交一半给家里就行，夏天结束时，我已攒了11美元。

但紧接着又到了萧条期。我回到了学校，1角钱，5分钱甚至1分钱也挣不到。最后，圣诞节期间，我通过帮助运送松树、云杉给银行、商店以及那些不想自己砍树的人家，挣了2美元。

还差7美元。这时，我的一个朋友病了，要我替他工作，送《企业报》。我一星期挣1美元，清晨4点起床，叠报纸，在凛冽的寒风里走5英里。天气刚好转一些，我的朋友又回来工作了。我已有19美元了。

只差1美元了，我认为已经竭尽所能。所以，我走到父亲面前："爸爸，求你给我1美元吧！"但我很快意识到，求他就像求太阳从西方升起一样。父亲说："你是在要求施舍，杰克。我的儿子是不会请求施舍的。"

我几乎想带着那19美元离家出走，或者，从树上跳下来。如果我摔断了腿，父亲会怎么想呢？沮丧之极，我闲逛到法克斯的商店，想去看一眼我心爱的自行车。

可我到那儿时，车却没在橱窗里。天哪，不要这样！我想。它已经被卖出去了。

我冲进店里，看见法克斯正推着我的车往后面的储藏室走。"法克斯先生，"我哭叫道，"这自行车，你没有卖它，对吧？"

"没有，杰克，没有卖。它放在橱窗里已经很久了，没人买它。我只是想把它放在墙边，把价格降为18美元。"

那时，航空火箭还没发明出来，而我却像火箭一样，一下子射到了法克斯先生的臂弯里。我骨瘦如柴的手臂和腿紧紧地缠绕着他，热烈地拥抱着他，差点儿让这位老先生窒息了。

"别让任何别的人买这车，我要买。等我一会儿！"

"别担心，"法克斯先生喘着气，微笑着说，"它是你的。"

我跑上街道，离家还有一排房屋时，就开始喊叫："妈妈，把钱拿出来，把19美元拿出来！"我一路小跑，又叫了一声，"快一点儿，妈妈！把钱拿出来！"

我飞也似的回到商店，把钱放在柜台上。"我还多出1美元来。那个行李架，还有那个篮子多少钱，法克斯先生？"

"杰克，你可以用1美元买它们两样。"

几分钟后，我出了商店。

我骑着车，向我看见的每一个人挥手，叫嚷："喂！快看我的新车！"

"我自己买的！"

到了家，我跑进院子里，差点儿撞倒了父亲。

"爸爸，看我的新车！它是最棒的！它跑起来像风一样快。噢，谢谢你！爸爸，谢谢！"

"不用谢我，儿子。你不必感谢我，我什么也没做。"

"可我是那么幸福、快乐！"

"你感觉幸福是因为你应该得到这种幸福。"

喜悦之中，我的眼前模糊了。但在一瞬间，我认真地看了一眼父亲。我看得出他也很快乐，甚至有些为我骄傲。我看到了他眼中的爱意，那种对儿子长大成人的爱。

这么多年来，那满是爱意的目光一直留在我心中。这些年来，我悟出了父亲所给予我的最大快乐，那就是让我明白——我能行。

（佚名）

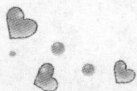

心灵之洞

　　人与人之间的感情在很大程度上是用言语来维系的。一次不加控制的恶言恶语给他人内心造成的伤痛，很可能会延续一生。

　　一个男孩从小受到所有长辈的宠爱，但他依然觉得每天生活得不开心。所以时不时向家里人发脾气，还会摔毁家中的物品。

　　这一天，这个男孩子因为在学校里和同学吵嘴，回到家里仍然怒气未消，在饭桌上甚至辱骂来家里做客的小表弟是"一个十足的蠢猪"。小表弟哭着离开了他家，甚至发誓"我再也不会理你，再也不会来你家玩"。

　　等小表弟走后，男孩的父亲觉得应该从现在开始就教育他与人交往应该注意的问题。这是父亲一直想做的。当父亲走进男孩房间的时候，他正在用力踢那只平时他最喜欢的小宠物狗。那只被踢中的小狗呜呜地叫着，并且可怜巴巴地用无辜的眼神盯着自己的主人。男孩可能是感到有些后悔，于是抱起小狗给它揉了揉刚才踢中的地方。

　　父亲没有指责他刚才对小表弟的辱骂和对小狗的踢打，而是将一袋钉子递给了男孩，并且告诉他，以后他每次忍不住要发脾气的时候就在后院的木桩上钉一颗钉子。

　　男孩接受了父亲的建议。

　　第一天，这个男孩钉下了 41 颗钉子。

　　第二天，这个男孩钉下了 35 颗钉子。

　　慢慢地，男孩钉在木桩上的钉子数量每天都在逐渐减少。最初，这个男孩觉得在自己忍不住发脾气时克制自己真是一件十分难办的事情。到了后来，他突然发现控制自己的脾气要比钉下那些钉子来得容易些。

　　当男孩把自己的这一发现告诉父亲时，父亲高兴地点了点头，告诉他一定要坚持下去，直到不用再在后院的木桩上钉钉子为止。

过了一段时间，无论是家里人还是学校的老师和同学都感到这个男孩有了明显的变化，父亲对儿子的这些变化心知肚明。

终于有一天，父亲在花园里等到了儿子带来的好消息——他已经连续多日没有在后院的木桩上钉钉子了，他再也不会失去耐性乱发脾气了。

父亲为儿子感到高兴，不过他知道儿子需要做到的远不止这些。他又告诉儿子，现在开始每当他能控制自己的脾气的时候，就拔出一颗钉子。

后院木桩上的钉子一天天地减少。终于有一天，父亲看到曾经密密麻麻满是钉子的木桩上已经没有一颗钉子了。看到儿子欣喜的面容，父亲指着木桩问儿子："你看木桩上还有什么？"儿子回答："什么也没有了，我早就把钉子全部拔光了。"

父亲又说："你再仔细看看。"儿子仔细看了看木桩，然后对父亲说："我知道了，是拔去钉子以后留下的洞，这有什么可稀奇的。"

父亲接着说："这些洞不是在你拔去钉子时留下的，而是在你钉下钉子的时候造成的。由于钉子的作用，这些木桩将永远不能回复到从前。你生气的时候说的话将像这些钉子一样在人们的心里留下疤痕。如果你拿刀子捅别人一刀，不管你说了多少次对不起，那个伤口都永远存在。话语的伤痛就像真实的伤痛一样令人无法承受。"

（佚名）

细节的魅力

那至善至美至真、缠绕着丝丝柔情的细节，是永不枯败的。它永存在你的精神中，直至生命之光消失。

生命的意义不在于长短，而在于动人、永恒的细节储存了多少。

每个人都想抓住一个永恒的东西，哪怕是一个永恒的梦，一个永恒的幻想，一个在阳光底下永恒的、五光十色的肥皂泡。——失去依托者，是难以生存下去的。

这永恒，远在天涯，近在咫尺。意识到这一点，并且时时处处学会抓住它，便是对人生真谛的把握。

随着年岁的增长，我渐渐略有所悟：这不平凡的神秘永恒，原是由一串极平凡而又动人的细节所构成的，就像永恒的阳光系由一束极小的动人光子所组成。

一句话、一个动作、一个表情，这些生活中的细节，因为它太平凡了，太微不足道了，当时好像并不曾留下什么惊心动魄的烙印，可经过岁月老人手中一把极苛刻的淘金筛子一筛，有些细节却像金子静悄悄地沉淀在你的潜意识深处，融进了你的血液中，死死钻进了你的童稚的梦、少年的梦、青春的梦或白日的梦幻中。只要一闭上眼睛，生活中这一个个永恒、动人的细节都会从冬眠中苏醒过来，串成一个个趣味横生的、发生在潜意识王国里的故事，它们总是和你的欢乐和痛苦紧连在一起，勾起你细细的咀嚼、回味和追忆……

哦，还记得那依稀童梦中河边的黄沙堆吗？那黄沙堆里埋着我的童年。放学后，我常常和我的同窗往那儿跑。我一下子就冲上了沙尖，他却坐在河边的石级上，像乡村里私塾的老八股摇着脑袋，背诵着七绝唐诗，还规定每天得背它五首。

我开始在沙堆上导演一幕恶作剧，用铅笔盒挖了个一米来深的洞，在洞口铺上一张薄薄的报纸，再往报纸上撒满沙子，然后我也坐到那石级上，终于有个顽皮鬼上钩了。瞧他那一个神气的冲刺，一下子掉进了我的"地道战"，我那专注背诗的同窗，听到了那声惨叫，狠狠地瞪了我一眼，骂了一句"无聊！"

我没有意识到他一瞪和一骂，竟比我父亲以往那没完没了的唠叨要奏效。无聊？谁无聊了？打那回起，我白天再也不去爬沙堆了，晚上也不再趴在躺椅上乘凉的父亲的大肚皮上打玻璃弹子了。我要看看骂我"无聊"的人自己在干什么。那天，我一直尾随着他进了旧书店。原来这儿是他的开架书库！虽然都是些旧书，却可以随意翻看。我渐渐地竟爱不释手。脚站酸了，用书包垫在屁股底下坐着看。越看越感到自己无知，越看越感到天地之大，越看越感到世上最不够用的就是滴滴答答的时间！

"别急，你看得太快了！应该有计划地看，先横着看，一个作家一个作家的作品连着看，然后竖着看，带着你的问题，你的思考挑选着看。"——这是我初中同窗的格言。

我常常偷我那已是大学生的姐姐藏在枕头底下的书看，并得赶在她晚上回家前放回到原处，因此我只好利用上课时间。我那同窗帮我望风，提心吊胆地竟误了学习。我不安了，他察觉了，挺神秘地向我眨眨眼，从隔壁教室里换来一张课桌，天哪，那竟是一张没人要的破桌子！中间长长的一道一寸宽的裂缝，这怎么写字啊？

"来试试。你把书放在台板下，移动着看，'拉洋片'，谁也不会发现的。以后就用不着我望风了。"

"乌拉"！我高兴得用双手捶打着他的背。他得意地笑了。以后这张破书桌伴随了我那黄金般的岁月：初中加上高中，一共六个春秋！每换一个教室，我们就把它搬过去。我就是透过这张破书桌的一条狭缝，瞥见了人类文化一个金碧辉煌的宝库！

以后我的作文几乎篇篇都成了老师在班上朗读的范文，我的论文也获得了读书运动奖。

再以后，就是现在，我成了一名记者。我依然最怕别人骂我"无聊！"每每经过旧书店，心里总充溢着那么多想说又吞下去的话语。对母校，我最留恋、追忆的，除了我所敬爱的老师，就是那张破书桌和搬来那张破课桌，教我看"拉洋片"的人了。

春去秋来，30多个寒暑，使我久久难以忘怀的，震撼我的内心世界的，原来是一些不起眼的生活细节一句值得回味，刻骨铭心的话语，一个无言的小动作；一个心领神会、妙处难与君说的表情！

也许，这些细节对别人是毫无意义的，但对于我却具有难以言喻的魔力、魅力。谁能料想到，一个普普通通的细节竟会在你的生命图案上形成一个投影，支配、左右你的精神运动轨迹，成为心路历程的转折，使你哭，使你笑，使你叹息，使你回味默想……生命的丰收，原来是动人、永恒细节的丰收。没有属于你生命

的细节,即使你是个百万富翁,你也因精神世界的极度贫困而自杀!

人生常有不如意的事。人的聚散在一念之中,人的生死也全在一念之中。在痛苦的打击下,有时感到走累了,厌倦了,不想再往前走了。万念俱灰时,沉睡在记忆深并中的一个个优美、动人的细节,会吹起一个个橡皮圈来搭救你,使你感到人生还充满着温暖和希望,生活中还有人给予你深信不疑的期待。为了世上你所爱的和爱你的人,你感到有永久生存的必要。

生活中难免不发生误会,巨大的误会往往会产生更巨大的爱。敢于承担精神的巨大痛苦者,才会有人生的丰收。痛苦和欢乐的更替,也是人的潜意识思维最活跃的时候。若把人的潜意识一一写出来,恐怕是一本畅销书。因为从这些潜意识中产生的是一系列无声的惊心动魄的细节。这无声的细节却是肉眼能看到,心灵所能感受到的。你甚至会感到,不管你把视线投向哪里,你都能看见那些充满感情的细节。人生的遗憾莫过于最美好、最幸福的时刻不能重现。但美的细节确是永久不衰的,能久久存在于回味中,这回味是个大熔炉,日后发生再大的误会也会被熔化"如果我心里存不下金子,就是我的灵魂有了大漏洞。"在自责中,爱欲得到了升华,在你的心至形成了只能意会,难以言传的灵光一束,于是又构成了你生命中又一个新的难忘的细节。

一个个细节记录着人的崇高与卑劣、宽广和狭小、坚强和软弱、欢乐和哀怨、幸福和痛苦……这些对立着、不相容的概念,竟如此和谐地共存于一个生命之中,真是造物主的精美设计!

当你的形象被歪曲到了不可思议的地步,当卑鄙的小道新闻在编织着你种种不堪入耳的故事,还有你听不到的却分明存在的诽谤和猜忌,使一颗纯净的、容易受伤的心顿时陷入了痛苦的深渊而不能自拔时,你的朋友却悄悄地出现在你面前,用信任、同情的眼光关注着你,抚慰着你。就是这眼神,这一简单的细节,会在你身上注入神奇的力量。一个至爱亲朋的理解和信任,可以抵消一百个中伤和诽谤。

生活中的残酷,摧毁了人们心灵中美好的东西。美总是在灵魂瞬间的震颤中得以发现的,恰如夏夜远处天边的一闪。谁不需要心灵的朋友啊,人人都想心有所寄,灵有所托,养一养在尘世间所受的内伤。在众目睽睽之下,每个人又难免不戴上一个假面具,明明心里黄连般苦,脸上却堆着甜甜的笑。

而在心灵的朋友面前，你可以毫不设防、任性地一吐为快，把被压抑的心理能量一一释放出来。这样产生的自然而然的交流，也许就是一种神圣不可多得的信赖和理解。是的，在命运不济时，才找得到忠实的朋友。

珍藏在心底里的动人细节是一个人的精神财富。一部没有细节的小说或电影，是枯燥的、干巴的、空洞的。同样，在我们人生中，一个没有细节的人物也是索然无味，缺乏魅力，打动不了人的。其实，爱的魅力也是细节的魅力。

近年来，我开始有意识地储存细节，追求细节，也懂得珍爱细节。这一个个细节也成了我生活中的一页页教科书，使我懂得生命的动人之处恰恰在于苦与乐、光与暗、得与失、受伤与复原戏剧性的交换，恰在于善与恶、美与丑的冲突。

那至善至美至真、缠绕着丝丝柔情的细节，是永不枯败的。亡永存在你的精神中，直至生命之光消失。

（佚名）

牛仔推销员

> 不管发生任何事，他相信事情都会跟他想象的一样。他不预设失败，只期待成功。

当我创办电讯公司时，我知道需要推销员来帮我拓展业务。我张贴了告示，希望找到合格的推销员，并开始与招募人员会晤。

我理想中的推销员要从事电讯工业有关的工作，明了地方性市场，并对操作不同类型的系统有相当经验，敬业且积极主动。我几乎没有时间来训练人，所以我雇请的推销员必须马上进入角色。

在招募未来人员令人疲怠的过程中，有个牛仔走进我的办公室。我从他的穿着知道他是个牛仔。他穿着横条花布的裤子和很不相称的横条花布的夹克，一件短袖的按扣衬衫，胸前的领带结比我的拳头还大，牛仔靴、棒球帽。

你可以想象我在想什么："在我的新公司他可不是我心目中的职员。"

他坐在我的桌子前面，脱下帽子，说："先生，我'金'的希望能够在电讯'死'业中成功。"他的发音实在糟透了。

我企图找出一种委婉的方式，告诉这家伙他完全不是我心目中的职员。我问他背景如何，他说他有俄克拉荷马州州立大学的农业学位，过去几年暑假他都在俄克拉荷马的巴特斯村农场工作。他宣称这一切都已告一段落，现在他想在"死"业上得到成功，他"金"的希望能有机会。

我们继续往下聊。他相当注重"成功"并希望能有机会，所以我就决定给他一个机会。我说我会和他在一起两天。两天内我会教他他想卖出某种小型电话系统该知道的一切。两天后他就得自己来。他问我，我认为他可以赚多少钱。

我告诉他："看你的长相和你目前所知道的来看，你最多一个月可以赚到 1000 元。"

我继续向他解释，每组小型电话系统的佣金是 250 元。如果他每个月拜访 100 个潜在客户，他大约就可以卖出 4 组小型电话系统。卖 4 台，他可以赚 1000 元。他说这听来很不错，因为当农场雇员每个月只有 400 元，他已经准备好要赚这笔钱了。

第二天早上，我尽可能填鸭似的把电话"死"业所需的知识告诉这个 22 岁、没有做生意经验、不知电讯为何物也没有销售经验的牛仔。

他一点儿也不像是电讯事业的专业售货员，也不具备任何我理想雇员的条件，除了他百分之百地冀望着成功。

两天训练结束后，牛仔（我一直这样叫他）走进他的小办公室。他在一张纸上写下了四个提示：

1. 我要做个成功的生意人。

2. 我每个月要拜访 100 个人。

3. 我每个月要卖 4 组电话系统。

4. 我每个月要赚 1000 元。

他把这张纸贴在小办公室座位前面的墙上，开始工作了。

第一个月结束，他并不只卖 4 组电话系统。在他当推销员的前 10 天，他就卖出 7 台电话系统。第一年，他赚的并不是 12000 元佣金。他的佣金竟超过 6 万元。我非常惊讶。

3年后，他拥有我公司的一半股权。在另一年年底，他又拥有了其他 3 家公司。那时我们是彼此的事业伙伴。他开着一辆 32000 元的人货两用车。他穿着值 600 元的牛仔式套装、500 元的靴子，并戴着一个 3 克拉的马蹄形钻戒。他的事业已经很成功了。

牛仔怎么成功的？因为他努力工作吗？这确有帮助。他比别人聪明吗？没有。在刚开始时他对电讯事业一无所知。那是什么呢？我相信是因为他"想要成功"——他对成功十分关注。我知道那是他所要的，他就去追求。

他执行目标，并坚持不懈，这对他而言并不是一直很容易。最重要的是，牛仔每天都像胜利者一样地开展工作！他会敲敲前门，希望有好事发生。不管发生任何事，他相信事情都会跟他想象的一样。他不预设失败，只期待成功。

我发现如果你希望成功且付诸行动，你多半就会成功。

牛仔已经赚了几百万元。他也曾变得一无所有，又再把它们赚回来。在他和我的生命中，我们都相信，一旦你知道且熟悉成功的原则，它们就会一再地为你效力。

（佚名）

完美的答案

做人做事一定要抛弃成见，才能做出正确的选择。

某报纸刊登了这样两道测试题：

1. 现在要选举一名领袖，而你这一票非常关键，你会选择下面候选人中的哪一个？

候选人 A：经常跟一些不诚实的政客有往来，是一个地道的老烟枪，每天要喝 8~10 杯的马丁尼。他还会星象占卜学，有婚外情。

候选人 B：曾经被解雇两次，大学时吸鸦片。睡觉要睡到中午才起来，每天傍晚会喝很多威士忌。

候选人 C：是一位受勋的战争英雄，素食主义者，不抽烟，只偶尔喝一点儿啤酒。从没有发生婚外情。

2.一个女人怀孕了。这时她已经生了八个小孩，其中三个孩子耳聋，两个孩子眼睛瞎，还有一个智力低下。而且，这个女人自己又有梅毒。在这种情况下，你是否会建议她堕胎？

在多数人看来，这实在是两道再简单不过的问题了。第一个问题，当然选择候选人 C。作为一名领袖，他再合适不过，A、B 候选人实在不具备做领袖的资格。至于第二个问题，当然建议堕胎。否则再生出一个残障儿童怎么办？

第二天，报纸就刊登出了两道测试题的真正含义。

第一个测试题中，候选人 A 是富兰克林·福；候选人 B 是温斯顿？丘吉尔；候选人 C 是亚道夫？希特勒。第二个测试题中，那个怀孕的女人就是贝多芬的母亲。而她肚子里的孩子就是还未出世的贝多芬。

在我们多数人看来再完美不过的答案，却正是创造了希特勒、扼杀了贝多芬的答案。

（佚名）

一个礼拜一块钱

许多事情看起来好像根本不可能，但是只要你把这个想法坚持一下，可能是 5 分钟，也可能是 5 小时，你就会知道它实际上到底行不行，到底值不值。

1993 年秋天的某个星期六下午，我匆匆赶回家，试图要把一些后院的工作做完。当我在摇落树叶时，我 5 岁的儿子尼克，过来拉住我的裤脚。

"爸，我要你帮我做个告示。"他说。

"现在不行，尼克，我真的很忙。"我回答。

"但我需要一个告示。"他坚持。

"为什么，尼克?"我问。

"我要卖掉我的一些石头。"他回答。

尼克总是沉迷在石头阵中。他一直在收集石头，人们也把石头送给他。他定期清理放在停车棚里的那一大篮子石头，各色各样都有，它们是他的宝贝。

"我现在真的没空帮你，尼克。我必须把这些叶子摇下来，"我说，"去找你妈帮你。"

过了一会儿，尼克拿了一张纸来。纸上有他的字迹，写着"今天售价一块钱。"他妈帮他做了他的告示，现在他要开始做生意了。

他拿着告示，提着一个小篮子，带着他最好的 4 块石头，走到我们车道的前头，他把石头排成一条线，把篮子放在它们后面，并坐了下来。我从远处观察，对他的决定很感兴趣。

大约半小时过去了，没有任何人经过。我过去看他在做什么。

"生意如何，尼克?"我问。

"不错。"他回答。

"这篮子是做什么的?"我问。

"放钱用的。"他有模有样地说。

"你的石头要卖多少钱?"

"每个一块钱。"尼克说。

"尼克，没有人会花一块钱买你的石头。"

"他们会的!"

"尼克，我们这条街没什么人，他们看不到你的石头。你把石头收起来，去玩如何?"

"这里有人，"他回答，"人们在我们这条街上散步或骑自行车做运动，也有人开车来看房子。人够多了。"

我说服尼克不成，就返回后院工作。

他很有耐心地守在他的岗位上。又过了一会儿，有辆小货车驶进这条街。我看见尼克站起来对小货车高举他的告示。小货车在尼克身边停了下来，一

个女士摇下了窗子。

我没法听到他们之间的交谈，但在她转身面向驾驶的男士后，我可以看见他在掏皮夹！他给她一块钱，她则走出小货车，走向尼克。检查那些石头以后，她挑了一个，把一块钱交给尼克，开车离去了。

当尼克跑向我时，我目瞪口呆地站在后院。他晃着那一块钱，叫道："我跟你说过一个石头可以卖一块钱——如果你相信自己，你可以做任何事！"

我取了我的照相机，为尼克和他的告示拍照。这小家伙信心坚定，也乐于炫耀他能做的事。这是伟大的一课，我们从中学到了很多，到今天也一直谈论它。

又过几天，我太太汤尼、尼克和我出外吃晚餐。路上，尼克问我们，他是否可以有零用钱，他母亲解释，想要零用钱得尽些家庭义务才行。

"好吧！"尼克说，"那我会有多少钱？"

"你5岁，一个礼拜一块钱就可以了。"汤尼说。

后座传来一个声音："一个礼拜一块钱——我卖一块石头就赚得到了！"

(佚名)

我要去埃及

只有梦想可以使我们有希望，只有梦想可以使我们保持充沛的想象力与创造力。

有一个小男孩，考试得了第一名，老师奖给了他一本世界地图。他非常高兴，跑回家就开始看这本世界地图。很不幸，轮到他为家人烧洗澡水，他就一边烧水，一边在灶边看地图，看到一张埃及地图，想到埃及很好，埃及有金字塔，有埃及艳后，有尼罗河，有法老王，有很多神秘的东西，心想长大以后如果有机会一定要去埃及。

他看得正入神的时候，突然有一个大人从浴室里冲出来，胖胖的围一条浴巾，用很大的声音跟他说："你在干什么？"他抬头一看，原来是爸爸，他说："我在看地图！"他爸爸很生气，说："火都熄了，看什么地图！"他说："我在看埃及的地图。"父亲跑过来"啪啪"给了他两个耳光，然后说："赶快去生火，看什么埃及地图！"打完后，踢他屁股一脚，把他踢到火炉旁边去，用很严肃的表情跟他讲："我给你保证，你这辈子不可能到那么遥远的地方去！赶快生火。"

他当时看着爸爸，呆住了，心想："我爸爸怎么给我这么奇怪的保证，真的吗？这一生真的不可能去埃及吗？"20年后，他第一次出国就去埃及，他的朋友都问他："到埃及干什么？那时候还没开放观光，出国很难的。他说："因为我的生命不要被保证。"

他在金字塔前面的台阶上，买了张明信片写信给爸爸。他深有感触地写到："亲爱的爸爸，我现在在埃及的金字塔前面给你写信，记得小时候，你打我两个耳光，踢我一脚，保证我不能到这么远的地方来，现在我就坐在这里给你写信。"

他爸爸收到明信片时跟他妈妈说："哦，这是哪一次打的，怎么那么有效？一巴掌打到埃及了。"

（佚名）

悲观也是福

做人是应乐观向上，但有时悲观一下不见得全是坏事。

多年前，我第一次在家乡公园里看走江湖的人玩把戏，那个人油嘴滑舌，手脚灵巧，飞快地把几个胡桃壳搬来搬去，然后问四周围观的乡巴佬："哪个空壳子下面有一颗豌豆？"当时我对世上的坏事虽毫无所知，却突然提高嗓子尖声说'说不定都没有。"

那个人狠狠地瞪了我一眼，随后又把我咒骂了一顿："小姐太太老爷们，"他说："这个小鬼啊，你们瞧，长大了定是个哭丧鬼，悲观主义者。"

那时我还不懂什么叫悲观主义者，后来查字典，才知道那个人讲的一点都不错。字典上说：悲观主义者是"凡事都往坏处想，总以为结果一定不好的人"。这正是我的写照。我可不是存心要悲观，而是天生的悲观。不过我倒觉得：我们这些悲观主义者过的日子，比起那些乐观主义者要高明得多了。

比方说，我每次坐上飞机，口里就不出声地念念有词，黯然向世界告别，自信这次一定劫数难逃。每次送朋友上飞机，我也有同样的感觉，总要恋恋不舍地多看他们一眼，内心觉得这次生离就是死别了。

这有什么高明呢？咳，你不知道，他们平安到达目的之后，我心里该有多么高兴！我自己下了飞机，是多么的欣喜若狂！

乐观主义者从不想到会灾难临头，悲观主义者时时都在想。人无远虑，必有近忧。这种天昏地暗的思虑，迟早一定有好处。有事实为证。我住在乡下，离城3英里路，心里总觉得早晚家里会失火，烧得精光。我常常揣想火是怎样着起来的：烟囱的火星可能使屋顶着火，电线可能走火……。一旦失火，我怎么办呢？是晕过去？还是拔腿就跑？我知道：失火时一定会张皇失措，丑态百出，即使大难不死，亦无颜再见江东父老。

事有不幸，12月的一个早晨，油炉漏油，房子果然失火了。当时我临危不乱，我的一举一动皆有条不紊。我打电话通知消防队，把车子开出烟火弥漫的车房，接上花园浇花的水龙头，一边等消防车，一边自己救火。对此。家里的人至今还津津乐道。乐观主义者绝不会这样准备有素，说不定还会站在那里发果呢。

我做事也悲观。我著书立说写文章。每次写完一篇文章，就全身发抖，左思右想评论家大概要骂得我体无完肤。果真评者一字一刀，我亦不以为意，因为原在意料中也。倘使竟然有赞誉之词，或有钱可拿，则是无外飞来的鸿福，心里十分受用。

不妨举个例子。某夏日午后，我的出版商来电话，说有好消息，叫我听了不要晕过去。他说："有一个人要买你那部小说的版权——听着，不要晕过去——他出 10 万元！"

"好啊，"我说，"不过现在电视上的球赛非常精采，等一会儿我再给你打电话，好吗？"

一直到今天，我的出版商还是逢人就说，那次我听到这样好的消息，意然无动于衷。说实话，还不是我的悲观主义在作祟？当时他说的话，我压根儿就不相信。我一下子得 10 万元，天下哪有这样的事情，所以我仍旧看我的球赛。

后来，我和那个人会了面，签了合同，言明他第二天交付那 10 万元。但是第二天一清早，有人到法院去告了那人一状，逼他破了产，所以我始终没有拿到分文。不过没有关系，因为早就料到了。

有人说："悲观主义者心里好过的时候觉得难受，因为害怕期望过高，失望也重。"这话也许不错。不过我觉得，我的悲观主义使我知足常乐。我看见许多人一心只往好处想，等到时运不济，就怨天尤人，这时我的心里就觉得很舒畅。对于我的悲观主义，我可真是乐观得很呢。

（佚名）

花钱买快乐

钱在生活中并不是决定一切的东西。只要有眼光，看准了那些能使你幸福的东西，就应不惜金钱去得到它。

我们刚结婚那阵子，为了买新房，日子过得省吃俭用。吃快餐，开旧车，搬进新居前，挤在斗室里将就着。但迁居那一天快乐的情景，却使我们终身难忘。

安妮和弗兰克有五个孩子，经济拮据，而每逢假日却必去滑雪。为此要购置七双滑雪板，七双长靴，七副撑杆及每人的滑雪衫，还要付来回的车费等其他开销。我们都认为弗兰克一家简直是疯了。最近我又碰到他，他的孩子们都已各自成了家，"当然，我们那时过着清寒的日子，"他说，"但最近，一个儿子在来信中说，他怎么也忘不了小时候滑雪时的快乐。"

一笔有限的收入有两种安排法：一种是精打细算地将衣食住行小心翼翼地考虑进去，虽然事事顾全了，但最终觉得毫无收获。另一种是把钱花在自己喜好的事情上，如果难以做到兼顾的话，还不如先满足重要的方面，而在其他方面克扣一下。有些人对于把钱花在那些有益的并能为家庭和自己的生活增加乐趣的事情上，总是犹犹豫豫，只想着攒钱备荒，放走了大好时光。其实他们这是只知紧攥手中的麻雀，而忘了逮野地里的孔雀。

我知道有这么一对恋人，打20来岁起就开始为下辈子的生活操心。当他们的同龄人在建立小家庭，安享天伦之乐时，他俩却一个念头地买房置地，积累钱财。等他们感到可以安心成家时，女的已39岁，这些年来一直在访医求道，也没能怀上一个孩子。当然，这是一个极端的例子，但说明一个道理，当你确信某事某物能使你的生活更为充实时，不论它是一次旅行，是一个孩子，或是别的什么，你就应尽力去得到亡。要知道，有的东西失去了就再难以得到。

小时候的一件事令我终身难忘。那时我父亲失业了，全家靠吃鱼市上卖剩的鱼杂碎过活。一日我在一个商店的橱窗内看到了一只带红色塑料花的小别针，顿时我便发疯般地迷上了它。我赶紧跑回家去央求妈妈给一毛钱。母亲叹了口气（一毛钱能买一磅鱼杂碎呢），但父亲说："给她钱吧，要知道这么便宜的价格就能为孩子买到快乐，今后是不会再碰上的。"那时，我就明白，这一毛钱所能买到的是永远闪光的金子。

当我想到我那些心满意足的朋友们时，我总为他们花钱的态度而吃惊。他们买不起车，但可以到夏威夷去度假，住陋室，却打扮得像个时装模特儿。更有一位老兄带着四个孩子在宫殿般的豪华饭店里吃了一次茶点，而为此，全家人过了两天只吃面包、奶酪的日子。"他们以后能记得的，惟有这一顿茶点。"他这样对我解释。

钱在生活中并不是决定一切的。一个真正有价值的梦想本身就具有了使其得以实现的力量。我有一个朋友，他的独生子在很小时就显示出音乐天赋，曲调一听便能记住，自己还能在钢琴上编歌。这对夫妻俩为使儿子能得到最好的教育，竟然驱车60英里送他到邻近的一个城市去就学。为此他们付出的代价是：妻子每晚去一图书馆加夜班，丈夫是个教师，课外在家中设馆开课以增添收入。今天他们的儿子已获得了两个音乐学院的奖学金，在几个美国最好的管弦乐队中演奏过。如果当初他父母给他请个价格低的二三流教师，他就不会有这样的成果了。

我想这说明了，某种意义上，金钱是第二位的。只要有眼光，看准了那些能使你幸福的东西，就应不惜金钱去得到它。用你辛勤劳动挣来的一点钱，送孩子去野营或给自己买一件心爱物，也许与你们低收入不那么相称，但却提高了你生活的情趣和意义。

（佚名）

每天抽出一小时

抓住这点时间，就能使你的心灵变得更美，生活更有情趣，生命更有意义。

一位名叫富兰克林·尔德的人曾精辟地说过这么一句话："成功与失败的分水岭可以用这么五个字来表达——'我没有时间'。"

在当今这个生活节奏紧凑的年代里，人们似乎每天都没有充裕的时间去做完想做的事，所以许多念头就此打消了。但世界上仍有许多人用坚定的意志，坚持每天至少挤出一小时的时间来发展自己的个人爱好。事实上我注意到，往往是越忙碌的人，他越能挤出这一小时来。

当今世界上最大的化学公司——杜邦公司的总裁格劳福特·格林瓦特，每天挤出一小时来研究蜂鸟（一种世界上最小的鸟），用专门的设备给蜂鸟拍照。权威人士把他写的关于蜂鸟的书称做自然历史丛书中的杰出作品。

休格·莱克进入美国议会前，并未受过高等教育。他从百忙中每天挤出一小时到国会图书馆去博览群书，包括政治、历史、哲学、诗歌等方面的书。

数年如一日，就是在议会工作最忙的日子里也从未间断过。后来他成了美国最高法院的法官，是最高法院中知识最渊博的人士之一。他的博学多才使美国人民受益非浅。

我承认，要挤出这一小时并不容易，需要有决心和恒心。关键还在于如何设法得到这一个小时，并且有效地利用它。

我的朋友威尔福莱特·康，前半生奋斗了40年，成了全世界织布业的巨头之一。尽管事务十分忙碌，他仍渴望有自己的兴趣爱好。他对我说："过去我很想画画，但从未学过油画，我曾不敢相信自己花了力气会有很大的收获。可我最后还是决定了，无论付出多大牺牲，每天一定要抽出一小时来画画。"

威尔福莱特·康所牺牲的只能是睡眠了。为了保证这一小时不受干扰，惟一的办法是每天清晨5点前就起床，一直画到吃早饭。他说："其实那并不算苦。一旦我决定每天在这一小时学画，每天清晨这个时候，渴望和追求就会把我唤醒，怎么也不想再睡了。"

他把顶楼改为画室，几年来从不放过早晨的这一小时。后来时间给他的报酬是惊人的。他的油画大量地在画展上出现了，他还举办了多次个人画展。其中有几百幅画以高价被买走了。他把用这一小时作画所得的全部收入变为奖学金，专供给那些搞艺术的优秀学生。他说："捐赠这点钱算不了什么，只是我的一半收获。从画画中我获得了很大的愉快，这是另一半收获。

每个人的脑子都有能力去创造和想象，为自已寻找到机会。一位名叫尼古拉·格里斯多费罗斯的希腊籍电梯维修工对现代科学很感兴趣，他每天下班后到晚饭前，总要花一小时攻读核物理学方面的书籍。随着知识的积累增多，一个念头跃入他脑海。1948年他提出了建立一种新型粒子加速器的计划。这种加速器比当时其他类型的加速器造价便宜而且更强有力。他把计划递交给美国原子能委员会进行试验，又再经改进，这台加速器为美国节省了7000万美元。格里斯多弗罗斯得到了1万美元的奖励，还被聘请到加州大学放射实验室工作。

美国前总统富兰克林·福在战争最艰苦的年代里，时常强迫自已挤出一小时来集邮，借以摆脱周围的一切。已故的吉妮太太曾告诉我，总统那时经常去她管的那幢房子，把自己关在里面，摆弄着各色邮票。总统来的时候脸色阴沉，心情忧郁，疲惫不堪。等到他走出屋子离去时，精神状态完全变了，变好了，似乎整个世界变得明亮了。对这位总统来说，这点时间的独自清静换来了他新的精神面貌。

要得到这样的收益，无论多大年纪的人都可以马上做起。我认识一位老人，他从78岁起每天抽出一小时学习欣赏音乐。他说："我很快就养成了这种习惯，——每天听一小时的音乐。我要具备起欣赏音乐的能力，随着年岁增高，等到我不得不靠静坐度日时，就用得上它了。"

一天安排出一小时来静心，排除疲劳，即使看来没有做出多大的事情来，但我深信大多数人还是会觉得有收益的。至少他们在这段时间里可以理清头绪，为自己定出一个明确的目标。

有一家很大的化妆品公司的负责人，见儿子在大学获得了神学优等生的荣誉，十分高兴。可是每次儿子回家，父亲就发现与儿子不再有"共同语言"了。这使他日益焦虑不安起来。虽然当父亲的对神学也很感兴趣，但毕竟从没认真系统地学过这门课，为此他在每天午饭后开始挤出一小时，把自己关在办公室里攻读宗教方面的书。

他说："起先同事们认为我古怪，在干傻事。但不久他们对我的学习计划改变了看法。由于对宗教学的研究，使我涉及了人类学、社会学和其他一些科学领域。近几年来，我常被邀请到各地去演讲。我想我的演讲与文章对宗教信仰内部间的相互了解做出了一些贡献。"接着他补充道："最主要的是，我儿子一定会为父亲的自学成才而自豪的。"

亨利·罗说："我从没找到过这么一个伙伴，他能像这一小时那样长期地陪伴着我。"每天花一小时来干你想干的任何事，这有助于挖掘出你身上的潜在能力，因为这种能力若不去挖掘，它很容易消失。抓住这点时间，就能使你的心灵变得更美，生活更有情趣，生命更有意义。不信你就试试，看看结果会如何。

（佚名）

第四辑　创造成功的机会

行动有行动的结果，不行动也是一种行动，每个人的命运都存在于他自己的决定之中。必须对自己的生命负完全的责任，要让事情改变，先让自己改变；要让生活的外在世界变得更好，先让自己的内心世界变得更好。排除任何借口，从现在开始行动，去创造成功的机会。

穷人最缺少的是什么

一个人如果有远大的理想，就可以克服一切困难。

法国一位年轻人很穷，很苦。后来，他以推销装饰肖像画起家，在不到 10 年的时间里，迅速跻身于法国 50 大富翁之列，成为一个年轻的媒体大亨。不幸，他因患上前列腺癌，1998 年去世。他去世后，法国的一份报纸刊登了他的一份遗嘱。

在这份遗嘱里，他说："我曾经是一位穷人，在以一个富人的身份跨入天堂的门槛之前，我把自己成为富人的秘诀留下，谁若能通过回答'穷人最缺少的是什么'而猜中我成为富人的秘诀，他将能得到我的祝贺——我留在银行私人保险箱内的 100 万法郎，将作为睿智地揭开贫穷之谜的人的奖金，也是我在天堂给予他的欢呼与掌声。"

遗嘱刊出后，有 18461 个人寄来了自己的答案。这些答案，五花八门，应有尽有。绝大部分的人认为，穷人最缺少的当然是金钱了，有了钱就不会再是穷人了。另有一部分人认为，穷人之所以穷，最缺少的是机会，穷人之所以穷是穷在"背时"上面。又有一部分人认为，穷人最缺少的是技能，一无所长所以才穷，有一技之长才能迅速致富。还有的人说，穷人最缺少的是帮助和关爱等等。

在这位富翁逝世周年纪念日，他的律师和代理人在公证部门的监督下，打开了银行内的私人保险箱，公开了他致富的秘诀——他认为：穷人最缺少的是成为富人的野心。

在所有答案中，有一位年仅 9 岁的女孩猜对了。为什么只有这位 9 岁的女孩想到穷人最缺少的是野心？她在接受 100 万法郎的颁奖之日说："每次，我姐姐把她 11 岁的男朋友带回家时，总是警告我说不要有野心！不要有野心！于是我想，也许野心可以让人得到自己想得到的东西。"

(佚名)

敢于异想天开

> 我们很多人都会回首往事，忆起生活中随着我们生命的延续而起着越来越重要的作用的某些特定时刻。

我想，我们很多人都会回首往事，忆起生活中随着我们生命的延续而起着越来越重要的作用的某些特定时刻。

对于我来说，那样的时刻之一发生在我十七岁的时候。当时我是肯塔基州路易斯维尔一所中学的高年级学生，代表本州参加在阿拉巴马州的莫比尔举行的 1963 年度美国少年组小组选美比赛。

她是评委之一，一位著名的作家，一个看着你时，一双海灰色眼睛射出激光般的穿透力、出语总是深思熟虑的女人。她知道该用什么话来使一切得以改变。她的名字叫凯瑟琳·马歇尔。

一见到凯瑟琳·马歇尔，我就意识到她在以一种更为严格的标准支配着我——实际上是支配我们所有的人。其他的评委们就最感兴趣的爱好和社交活动提问，她却寻找机会挑战。她认为十七岁的姑娘——或许特别是十七岁的姑娘——应该被促使去审视她们的志向、抱负，并同自身的价值联系起来。露天演出的最后一天，我们正在后台等候时，一位演出负责人说，凯瑟琳·马歇尔想同我们讲几句话。

她的眼睛盯着我们："你们为自己设立的目标，我已听说了。但我认为，你们的目标还不够高。你们有天赋、才智和机会。我认为你们应该攻取那些目标并使之更加高远。要去想你们一生中最能够做的事情，去做你们真正关心的事情。总之，要异想天开。"

这并不太像是一番带有挑战意味的教诲，但我却为之震慑，犹如一只看见了亮光的小动物。

这个让我如此钦佩的女人对我们感到失望了——并不是对我们自身，而是对我们那些微小的追求。

我在那一年的少年组小姐选美比赛中获胜。秋季，我进了威斯勒大学。1967 年，我获得了英国文学学士学位，但却不知道拿它做什么好。

我去找了我父亲，他是位律师。"可是，你做什么才感到最有趣呢？"他问。

"写作，"我慢条斯理地答道，"我喜欢文字的魅力，并且喜欢同别人一道工作，还喜欢接触世界上正在发生的事情。"

他想了一会儿："你想没想到过电视？"

我还没有。

在当时，即使我们那个地方有女电视记者的话，也是寥寥无几。成为这一领域的开路先锋的想法听起来就像是异想天开。于是，我穿上最好看的女记者服，到路易斯威尔的 WLKY 电视台去见新闻部主任，说服他给我一个机会。

他给了我这个机会——在以后的两年半时间里，我是一名天气和新闻联合报道的播音员。

不过，我终于开始不满足起来，夜不能寐，感到有什么不对劲儿，我要等待事情显露端倪，等待那指向远大梦想的迹象。而我并没有意识到凯瑟琳·马歇尔无疑知晓的那一切——梦想不是目的而是过程。

1969 年，我父亲突然在一场车祸中丧生。他的去世，连同我渴求改变自己生活的愿望，催促着我去另找一份工作；看来这也激起了我对政府、法律和政治这个领域的兴趣。我费尽心机，到处试探。后来，我父亲的一位同事对我说："去华盛顿怎么样？"

几个月后，我乘上了飞往华盛顿的班机。

现在听起来可能是难以置信的天真，但当飞机在国家机场着陆时，我带着自己是来工作的坚定信念下了飞机。

由于我父亲的一位朋友的好心推荐，我见到了白宫新闻秘书容？兹格勒尔。我被雇用了。那可是些繁忙的日子，我起早贪黑地拼命工作，我喜欢我工作的每一个部分。

水门事件发生了。1974 年夏天，总统辞职。我立刻被指定为总统在加州圣·克里门特的过渡时期小组成员。

在漫长的流放期间，凯瑟琳·马歇尔和她丈夫有一天打电话说他们来了。

他们来拜访了我。

我再次感到那带有探寻意味的凝视和其中包含的那句话，"下一步该干什么？"我又一次意识到一个人的巨大魅力是勇于将别人控制在一个标准之上。而且，我再次认识到，一句寸步不让的询问会逼使人去重新审视一下生活。今天，在我当了三年的 CBS 早间新闻的播音员之后，成了电视新闻杂志六十分钟节目的编委。我们以拼命的速度夜以继日地工作，还包括频繁的外出。我随时备有一只手提箱，可以有备无患地根据紧急通知乘飞机出差。

纽约的公寓成了我的避难所。在这里我可以穿着牛仔裤和长袖圆领运动衫自由自在地闲逛。有时弹钢琴，松弛一下神经，有时又做些简单而令人心满意足的事情来消遣——如烘烤一锅小松饼或者整理一只陈旧的抽屉。这是默默地重新估价生活的时候。

当我又重新步入世间——谁知道我下一站将飞往何处呢？——我几乎总能听到一个奇特的女人用她猛烈的挑战激励着我迈步向前，不管那梦想是多么的远大和更加异想天开。

（佚名）

耶稣的要求

在这个充满竞争的世界，今天的你比以往更需要这句话。

北欧一座教堂里，有一尊耶稣被钉在十字架上的雕像，大小和一般人差不多。因为有求必应，因此专程前来这里祈祷、膜拜的人特别多，几乎可以用门庭若市来形容。

教堂里有位看门的人，他看十字架上的耶稣每天要应付这么多人的要求，觉得于心不忍，他希望能分担一些耶稣的辛苦。

有一天他祈祷时，便向耶稣表明这份心。

意外的，他听到一个声音，说："好啊！我下来为你看门，你上来钉在十字架上。但是，不论你看到什么、听到什么，都不可以说一句话。"

这位先生觉得，这个要求很简单。

于是耶稣下来，看门的先生上去，像耶稣被钉在十字架般地伸张双臂。这位先生也依照先前的约定，静默不语，聆听信友的心声。

来往的人络绎不绝，他们的祈求，有合理的，有不合理的，千奇百怪不一而足。但无论如何，他都强忍着没有说话，因为他必须信守先前的承诺。

有一天来了一位富商，当富商祈祷完后，竟然忘记手边的袋子便离去了。

他看在眼里，真想叫这位富商回来，但是，他憋着不能说。

接着来了一位穷人，他祈祷耶稣能帮助他渡过生活的难关。当要离去时，发现先前那位富商留下的袋子，打开里面全是钱。穷人高兴得不得了，耶稣真好，有求必应，万分感谢地离去。十字架上伪装的耶稣看在眼里，想告诉他，这不是你的。但是，约定在先，他仍然憋着不能说。

接下来有一位要出海远行的年轻人来到这里，他是来祈求耶稣降福他平安的。

正当要离去时，富商冲进来，抓住年轻人的衣襟，要年轻人还钱，年轻人不明究竟，两人吵了起来。

这个时候，十字架上的假耶稣终于忍不住，遂开口说话了。既然事情清楚了，富商便去找捡了他钱的穷人，而年轻人则匆匆离去，生怕搭不上船。

真的耶稣出现了，指着十字架上的人说："你下来吧！那个位置你没有资格了。"

看门人说："我把真相说出来，主持公道，难道不对吗？"

耶稣说："你懂得什么？那位富商并不缺钱，他那袋钱不过是用来挥霍，可是对那穷人，却足可以解决一家大小生计；最可怜的是那位年轻人，如果富商一直缠下去，延误了他出海的时间，他还能保住一条命，而现在，他所搭乘的船正沉入海中。"

（佚名）

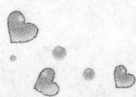

意外事故以后

犯了错误并不可怕，只要能正确对待，也许还能因祸得福，取得意想不到的成功呢。

干洗店的诞生源于一次不幸少年的意外事故。

这个少年名叫乔利·贝朗，他出生于巴黎一个贫民家庭。贫困的原因，让他 13 岁便独自外出打工，寻求生计。因为年纪小，没有一个工厂愿意聘用他，他在外流浪几年后终于遇到一个贵族家庭，在他的苦苦哀求下，那家贵夫人终于答应让他在厨房里当一名小杂工。

他每天的工作琐碎而繁重，杀鸡、杀鱼、拖地、扫厕所，而且还包揽了全部的脏活累活，一天要干最少 12 个小时，而所得的工资却少得可怜，甚至连一只鸡都买不到，但乔利已经很满足了。他还会省吃俭用地将辛苦赚来的钱攒起来，养活自己贫困的家。

就这样安安分分、紧巴巴地过日子也不能长久。一天半夜，乔利被一阵急促的敲门声惊醒。原来贵夫人第二天要去赴一个约会，要求乔利立即将她的衣服熨一下。当时实在太困了，他一不小心将煤油灯打了翻，灯里的煤油滴在了贵夫人的衣服上。

乔利吓坏了，他知道这件昂贵的衣服，就算自己打一年的工恐怕也买不起。残忍吝啬的贵夫人坚决要求乔利赔偿，如果不能赔偿，就在这里给她白打一年工！

乔利沮丧极了，只有留下来给贵夫人白打一年工，但是他也得到了那件衣服。为了警告自己不要再犯类似的错误，乔利将那件衣服挂在自己的床前以示警告。

一天，他突然发现，那件衣服被煤油浸过的地方不但没脏，反而将原有的污渍清除了。这个发现令乔利兴奋极了，经过反复试验，乔利又在煤油里加了一些化学原料，终于研制出了干洗剂。

给贵妇人白打了一年工之后，乔利离开贵夫人家开了一间干洗店，世界上的第一家干洗店就这样诞生了。他的生意一发而不可收拾，几年间他便成了让全世界瞩目的干洗大王。

（佚名）

创造成功的机会

在生活中，有一些人会被巨大的困难压倒，认为自己所面对的是不可战胜的困难。事实上，他们不仅缺乏克服困难的勇气，更缺乏把握机遇的先决条件。

"你是认真的吗？那就不要浪费一分一秒。如果你具备实现梦想的能力，就从这一刻开始吧！"

尼罗河战役打响之前，伯瑞船长听从了拿破仑的详细计划，当即兴奋地问道："如果我们获得成功，世人会做何感想？"

拿破仑信心十足地回答说："在这件事情上根本没有什么'如果'，我们一定会取得最终的胜利！您只需考虑一下由谁将胜利的喜讯公诸于众就可以了！"当众人认为根本无法赢得这场战役的时候，拿破仑那敏锐的目光中已经表示出十足的信心。

当前去探路的士兵被问及"能否顺利通过那条路"时，他犹豫不决地答道："也许吧，不过可能性很小。"

听了部下的回答，拿破仑不顾前方的艰难险阻，当即表示："那就出发吧！"

英格兰和奥地利两国对拿破仑决定让全军翻越阿尔卑斯山的决定十分不屑——他们认为阿尔卑斯山山势异常险峻，更何况军队必须将那些带"轮子的东西"运过崇山峻岭，这简直是不可能的事情。没错，当时整支队伍共有6000人，还有许多笨重的大炮、行李等军需品需要运输。

临行前，士兵以及士兵们的随身物品都接受了一次严格检查。穿破的袜子、衣服，以及缺了零部件的步枪都被重新修整了一番，随即便跟着信心十足的将领踏上了征程。

险峻的阿尔卑斯山正在薄雾中熠熠闪亮，一支勇敢的队伍如同幻影般出现在山脚。

当野山羊看到这支突然出现的队伍向阿尔卑斯山进发时，立即被惊得跳到悬崖边上去了。队伍遇到困难时，总能够听到决绝的命令响彻在茫茫雪山之间。

整支队伍小心翼翼地向前进发，首领拿破仑的影响竟如此之大，没有一个士兵中途掉队。一路上，他们战胜了各种艰难险阻，总行程超过了20英里，途中没有发生任何意外。4天后，这支队伍平安地到达了意大利平原。

当整支队伍完成了这个"不可能被完成的任务"时，人们才懂得回头看——许多队伍都具有完备的军需物资、各种工具，以及训练有速的士兵，但唯独缺少坚忍不拔的精神！

（佚名）

敢于梦想

胜利并不总是指最先完成某件事情，有时候，仅仅是坚持完成某件事也是一种胜利。

生命！这是上帝赐予我们的一件多么珍贵的礼物啊！能够在这样一个多姿多彩、生机勃勃，而又充满无限可能的世界里生活，是一件多么幸福的事情啊！可是，灾难却向我无情地袭来，我收到的这份"礼物"看上去更像是一场灾难。

"为什么？为什么偏偏是我？"我们常会这样问道。可是，我们却永远无法得到答案，不是吗？7岁时，我感染了何杰金病（注：一种尚未查明患病原因的疾病，特征为淋巴结及肝脾的进行性肿大及进行性贫血）；然而，我在被告知只能存活六个月的情况下创造了奇迹。无论这是由于好运、希望、信念，还是勇气，世界上总是有数以千计的幸存者！只有我们这样的幸存者才知道真正的原因："为什么我们没有死去？因为我们可以战胜它！"我并没有死于癌症，而是与它共同生存了下来。上帝不会创造垃圾，我相信，天生我才必有用，我再也不会惧怕任何灾难了！

在我上高中二年级的时候，我们班级要举行一次一英里跑步竞赛活动。我永远也不会忘记那一天！由于动过手术的缘故，我的腿上留下了许多肿块和疤痕，我已有两年没有穿过短裤了，因为我害怕别人取笑我。

在那两年中，我一直生活在恐慌里，但是在那一天，这一切都不再重要了。我准备好了——参赛用的短裤，还有心理和思想上的准备。来到起跑线上不一会儿，我就听到了大家的议论声："好臃肿！……"太胖了！""真难看！"等等。我把这些议论统统抛在脑后。

接着，我听到教练大声喊道："预备，跑！"口令一下，我立即像一架飞机一样冲了出去，在起初的20英尺中，我一直遥遥领先——那时，我还不懂得应该控制速度。可是，我丝毫不介意这些，因为我已下定决心，要第一个冲到终点。这次赛程需要我们跑四圈。在我跑第一圈的时候，看见跑道上都是同学。然而，到第二圈快要结束的时候，许多同学都放弃了，停下来不断地大口喘气。到了第三圈时，跑道上的同学更少了，而我也开始步履蹒跚了。等到第四圈的时候，跑道上只剩下我一个人了。见此情形，我立即明白了事情的真相。原来，所有人都没有放弃，只是他们都已相继跑到了终点。想到这些，我不禁流下泪来。我意识到，自己已被班上所有的同学击败了。经过12分42秒的"奋战"，我终于到达了终点。我随即跌坐在地上，挥汗如雨。我感到非常尴尬。

就在这时，教练跑到我身边，把我扶了起来，并大声叫道："你做到了！曼纽尔！你坚持跑完了整个赛程！"他兴奋地望着我，手里还挥舞着一张字条。我立即想起来，那张纸条正是我前一天上课时交给他的，上面写着我为自己制定的目标。

教练开始大声地将字条上的内容念给大家听："我，曼纽尔？迪耶特，无论怎样都要完成明天的一英里赛程。任何痛苦与挫折都不会将我击倒。因为，我相信自己能够做到这一切，我将用上帝赐予我的力量完成这次比赛。"字条下面还有我的亲笔签名，我还在名字里的字母 D 中画上了一副笑脸——

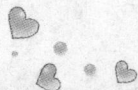

我一贯这样做。

受到了教练的鼓励，我立即破涕为笑，感觉好像刚吃了一个香蕉似的。同学们立即为我鼓掌，这是我首次得到同学们的喝彩。

（佚名）

灌木丛中的钻石

> 她朝那一片闪烁的草丛走了过去，小心翼翼地取下一滴露珠。

我并不想迁往阿拉斯加，那是我丈夫特里的梦想。还是在做孩子的时候他就在那里度过了一个难忘的夏天。而对我来说，阿拉斯加只不过是一堂为我早已淡忘了的地理课。那是一块被人叫做希伍德冰箱的土地；在那儿，爱斯基摩人居住在圆顶茅屋里，猎狩北极熊——那是我丝毫不感兴趣的远乡僻壤。

我和特里在华盛顿州的斯波肯过着惬意的郊外生活。然而有一天，他意外地得到了一份去阿拉斯加的工作。于是，我们乘上飞机去了北方，想去仔细瞧瞧。这冰箱突然间不再是笑谈了。我走下飞机，那冰箱的门一下子冲我敞开了。

接下来的三天可真够呛。我是心诚意笃地想喜欢上阿拉斯加，但是，春末对于我同阿拉斯加的初次见面来说可算是糟糕的时候了。一开始，虽时值五月，而湖面上却依然是冰雪皑皑，

举目不见一片绿叶。如同泥土中的那种褐色，呈现着这个季节的色调，到处都是如此。还有大得出奇的蚊蝇，瘦削挺拔的云杉树，以及地上的鹿粪……一切都是真切的了。

房屋大都星星点点地随意散缀在树林中，而不是井然有序地排列成行，坐落在灌木的掩映之中。在这里你见不到草坪之类的东西。我发现乡村里的阿拉斯加人竟然用链锯在院子里割草。

决定了，我们将迁来阿拉斯加。我装作挺快活的样子，可在心里却情绪

123

低落。阿拉斯加使我感到畏惧，她太辽阔、太荒凉，确切地说，它不在我所熟知的美国之中。

回到家里，那几个星期就记忆模糊地全在腾空碗柜、出售车库和道别声中过去了。我不愿意看见我的家具被那些贪婪的生意人一抢而空，一件一件地被运走。最后那天，我在屋子四周转来转去，就像一个被遗弃的孩子，摸着每一面熟悉的墙。

在所有这一切的不愉快之中，有一个特殊的时刻。那是在一个早晨，我独自坐在屋外。这时我年轻的女儿布兰达，赤着双足，穿着睡衣走过来，同我坐在一起。我们默默地注视着阳光在草丛中的露珠上熠熠生辉。"瞧，布兰达，"我说着，又指了指，"那就是上帝的钻石。"

她朝那一片闪烁的草丛走了过去，小心翼翼地取下一滴露珠。

"啊，你给我摘下了一颗钻石！"我叫道。

她用指尖将它送到我跟前，然后我们一起把它举到阳光下。我们被一粒普通的水珠放射出的耀眼的光芒给迷住了。

七月里出发的日子到了。在那些植物和箱子的空隙里，我们往旅行客车里塞进了四个兴高采烈的孩子和一只迷惑的狗，开始了驶向阿拉斯加毕格湖的二千六百英里旅程。要不是终点错了，这倒是一次了不起的度假。可我们再不会回来了。

我们一直往北行驶，白昼逐渐地变长了，直到夜晚全部消失，而阿拉斯加绵延的山峦也越来越近了。第七天早上两点，我们十分疲惫地到达了毕格湖，遇上了一场猛烈的暴风雨。一位老住户向我这样的新来者表示欢迎，他当初也不想来这里。

雨接连下了两天。第三天早晨，天空晴朗，气候温和。我独自坐在卧室里望着窗外的灌木丛。阳光勾勒出了秀美的白桦树干上树叶的图案。红松鼠在树丛中跳来跳去。这是一个闲散的日子，一切都适得其所，但对我却不然。

在内心里接受搬迁这个事实是经历了一场斗争的。我对阿拉斯加抱有敌意，并且陷入了绝望之中。后来，在那近在咫尺的地方，我看见了绿叶上的一颗雨珠，它在阳光的照射下闪烁着勃勃的生机！刚才还是一粒湿漉漉的水珠，转瞬之间就变成了一颗璀璨的珍珠。我的记忆中立刻闪现出一颗露珠在布兰达的手指上闪耀的情景。虽然它默默无言，但我明白了这颗雨珠所允诺

124

的是什么。它似乎在说：瞧，卡洛尔，世上到处都有钻石呵！

于是，就从这一刻起，我开心地笑了，我感到解脱了，浑身又充满了活力。就是那样一颗普普通通的雨珠驱散了我心中巨大的恐惧。我又望了一眼这令人难以置信的信使，它栖息在那片绿叶上，正冲着我眨眼呢。如今，我们在阿拉斯加已经生活了两年。一个一个的日子如同充满了冒险的骑术。我会在附近的河狸摆尾戏水时划着一只独木舟，或是望着落日的余晖沐浴着一群驯鹿，或是去注视荒野小径上的一只山羊，要不就是坐在蓝莹莹的冰川上，或是眺望着北极光在夜空中闪射着耀眼的光芒——这一度似乎是不可能的事。

我从来没有梦见自己会发现一只黑熊扒在卧室的窗户上窥探，或是惊动一只在院子里吃东西的鹿。我永远不会想到我的洗涤槽里会装满了鲑鱼，或者是炉子上烘烤着塞满了野酸果的面包。我也没有想到过秋天里会有白桦树叶覆盖而成的黄色大海，或者牵引着雪橇的猎狗无声地从雪原上跑过，还有那一望无际、蜿蜒展现于眼前的雄伟山脉。在阿拉斯加，这一切都是真实的。

是呵，我热爱阿拉斯加，我属于这里。只要我一睁开眼，我就会看见到处闪烁的钻石。

（佚名）

成功由心态掌控

为了自己的信念，在心灵深处坚持不懈，这就好比在心里嵌上了不竭的热源，还会惧怕表面上的雨雪风霜吗？

积极的心态能使你集中所有的精神力量去成就一番事业。当你以积极的心态全力以赴时，无论结果如何，你都是赢家。

有一位妈妈，她有一位读高中而且网球打得很好的女儿。有一年，学校举行网球联赛，女儿信心十足地报了名，满怀着夺冠的希望。

比赛前，当女儿查看赛程表时，发现第一场和自己比赛的竟是曾经打败她的高手，她很是灰心，开始垂头丧气起来。

"这次可能连预赛出线的机会也没有了。"

妈妈看见女儿如此绝望，自己的压力也很大。她脑子一转，对女儿说："你想不想把那人打败呢？"

"当然想呀，不过她上次把我打得很惨，我们的实力相差太远了。"

"我有一个方法，如果你照着我的话做，你便能赢这场比赛。"

"真的吗？请妈妈快点告诉我好吗！"

"你现在闭上眼睛，回想以前你打网球时最精彩的一幕，把那过程从头到尾重演一次，好好地感受胜利的滋味。"

女儿照着妈妈的话做，刚才脸上的绝望不见了，换来的是一片精神焕发。改变了面对比赛的态度，让她充满了信心和活力。

比赛开始了。女儿信心百倍地踏上球场，施展浑身解数，把对方打得落花流水，顺利地赢得第一场比赛。比赛结束之后，女儿兴高采烈地冲向妈妈。妈妈说："你打得很好呢！"

"全靠妈妈的指点！坦白说，我最初听到时觉得有点怀疑，没想到那么有效！"女儿兴奋地说着。

当你的心灵只为一种可能的结果所盘踞时，你的心灵便会产生一种魔力，你的思考过程和整个神经系统会将一切的力量都凝聚于产生这个结果。

能利用心灵力量让自己的表现更好吗？当然可以。你可以重复地告诉自己——"我能做到！我能做到！我能做到！"且在重复这句话的同时，也要想像着你所想要达到的表现水准。不要让任何相反的念头窜入你的心里！忘掉它们！胜利者永远只想着胜利。

信念会在许多方面以化学方式影响我们的心理和生理，让我们更确定成功的到来。我们的心理和生理会呈现的最佳状态包括：进取心更强、更为专注、注意力更为集中、更大的力量、更多的精力以及追求胜利的坚强意志和决心。

相信自己会失败的人，总是相信不好的结果一定会发生，他们并非缺乏信心，错误只在于他们总是将自己的满腔信心放在不想要的事情上！唯有我们所坚信的思想最后才会落实在我们的生活中，这是因为潜意识只接受我们所相信的事物。若想了解我们自己现在拥有哪些坚定的信念，我们只需好好去检视各个生活层面——我们的健康、家庭、职业、朋友、活动以及所拥有的事物等。

（佚名）

三条忠告

不要在仇恨和痛苦的时候做决定，否则你可能会后悔一辈子。

有一对新婚夫妇，感情和睦，生活却很艰辛，必须靠亲朋好友的接济才能勉强维持生活。丈夫觉得这样下去，总不是个办法。于是和妻子商量着外出打工，以改善生活。

妻子同意了，丈夫走之前，对妻子说："亲爱的，我要离开家了。我一定要让你过上幸福的生活，等我有条件给你一种舒适体面的生活时就会回来。我不知道要去多久，我只求你一件事，一定要等着我，我不在的时候要对我忠诚，我也会对你忠诚的。"

经历了很多磨难，这个年轻的丈夫终于在一家庄园里面安顿了下来，有了稳定的工作。他要老板答应他一个请求："请允许我在这里想干多久就多久，当我觉得应该离开的时候，您就要放我走。我平时不想支取报酬，请您将我的工资存在我的账户里，在我离开的那天，您再把我挣的钱给我。"老板欣然同意。

他在这个庄园里一干就是 20 年，中间没有休过一天假。一天，他对老板说："我要回家了，我想拿回我的钱。"老板说："好的，我们之前有协议，我会照协议办的。不过我有个建议，要么我给你钱，你走人；要么我给你三条忠告，不给你钱，然后你走人。你回房间好好想想再给我答复。"

他思考了两天，最后找到老板说："我想要你那三条忠告。"老板提醒说："如果给了你忠告，我就不给你钱了。"

年轻人坚持说："我想要忠告。"

于是老板给了他"三条忠告"：

第一，永远不要走捷径。便捷而陌生的道路可能要了你的命。

第二，永远不要对可能是坏事的事情好奇，否则也会要了你的命。

第三，永远不要在仇恨和痛苦的时候做决定，否则你会后悔一生的。

老板接着说："这里我给你留有三个面包，两个给你路上吃，另一个等你回家后和妻子一起吃吧。"

一切安排完，他在远离自己深爱的妻子和家庭20年后，终于踏上了回家的路。走了没几天，他遇到了一个人，那人问他："你去哪里？"他回答："我要去一个沿着这条路要走20多天的地方。"那人说："这条路太远了，我认识一条捷径，几天就能到。"他高兴极了，正准备走捷径的时候，他想起了老板的第一条忠告，又马上回到了原来的路上。

后来，他得知那个人让他走的所谓捷径完全是个圈套，只是想把他引到偏僻的地方实施抢劫和诈骗而已。

又走了几天，他走累了，想找个旅馆休息一夜。他很顺利找到了一个小旅馆，付过房钱后他就躺下睡了。睡梦中他被一声惨叫惊醒，他跳了起来，正想开门看看发生了什么事，但他想起了老板的第二条忠告，于是回到床上继续睡觉。起床后喝完咖啡，店主问他是否听到了叫声，他说听到了。店主问："您不好奇吗？"他回答说不好奇。店主说："我这里从来没有人能够活着出去，你是第一个。我的儿子有疯病，他经常大声叫喊引客人出来，然后将他杀死埋掉。"

他接着赶路，走了很久，终于在一天的黄昏时分，远远望见了自己的小屋。屋里的烟囱正冒着炊烟，他还依稀可以看见了妻子熟悉的身影。但让他伤心失望的是，妻子身边有一个男人，而这个男人就伏在她的膝头，妻子抚摩着他的头发。这一幕让他内心充满了仇恨和痛苦，他真想跑过去杀了他们，所以他快步走了过去，打算一刀了结了他们两人。

这时他想起了老板的第三条忠告，于是他停了下来，决定在原地露宿一晚，平静一下自己的情绪，第二天再做决定。天亮后，已恢复冷静的他对自己说："我不能杀死我的妻子，这里已经不是我的家了，但是在我走之前，我必须告诉我的妻子我始终忠诚于她。"他走到家门口敲了敲门，妻子打开门，认出了他，激动万分，扑到他的怀里，紧紧地抱住了他。他想把妻子推开，但没有做到。他眼含泪水对妻子说："我对你是忠诚的，可你为什么对我不忠诚……"

妻子吃惊地说："你说什么？我等了你20年，从来没有背叛过你，你怎么能够这样说？"

他说："你还不承认，我昨天下午看到一个男人依偎在你的膝头，你们两个人那么亲密！"

妻子明白了，脸上露出了笑容，说："那是我们的儿子呀。你走的时候我刚刚怀孕，他今年正好20岁。"

丈夫赶紧走进家里，拥抱自己的儿子。妻子幸福地忙前忙后给这彼此没有见过面的父子俩做饭吃，他们一家三口终于团聚了。吃晚饭的时候，他给儿子讲述了自己的经历。最后，等各自把这些年的辛苦经历都说了一遍后，一家人坐下来一起吃最后那个面包，他把老板送的面包掰开，面包里面的内容把他震住了：这根本不是面包，而是他20年辛辛苦苦劳动得来的工钱。

（佚名）

生命的价值

生命是一种历程，奋斗了才会有收获。

"帕帕德罗斯博士，生命的价值是什么呢？"我问道。

嘲笑者们又像往常一样笑了起来，人们喧闹着要走。

帕帕德罗斯举起手，示意教室里的人安静。然后，他凝视了我很长一段时间，似乎在审查我是否严肃。从我的目光中，他看出我并不是开玩笑。

"我会回答你的问题。"

他从裤子后面的口袋里掏出钱包，在一个皮夹子里搜出一块小圆镜，大小与一个二角五分的硬币差不多。

而后，他说："战争时期，我还是个小男孩时，家里很穷，我们住在一个偏僻的小村庄里。有一天，在马路上，我发现了许多镜子碎片。曾有一辆德国摩托车在那里发生了事故。"

"我试着把所有的碎片找齐，再拼起来，但是无法做到，所以我只留下了那块最大的碎片。在石头上打磨成圆形以后就成了这个样子。我开始拿着它当玩具，发现自己用它能把光线反射到黑暗的地方：深洞、裂缝、漆黑的壁橱等太阳无法照亮的地方。所以，我非常喜欢它，把它当成一种游戏——把光线射入我能找到的最隐蔽的地方。"

"这块小镜子我至今仍保留着，并且，随着自己慢慢地成长，空闲的时候，我还会把它拿出来，继续这种富于挑战的游戏。等我长大成人后，便懂得了这不仅是一个孩子的游戏，更暗示着我的人生价值。我知道自己不是光芒，也不能发出光芒。但是真理、理解和知识这些光芒就在那里，它会照亮许多黑暗的地方，如果我去反射的话。"

"我是镜子的碎片，尽管整个镜子的式样和形状，我并不知道。但是，我竭尽所能地反射光芒，照亮世界上那些黑暗的地方——照亮人们心灵的阴暗处——让一些人有所改变。或许他人看了后也会跟我做同样的事。这就是我，这就是我的人生价值。"

(佚名)

成功的必经之路

成功不是那么轻而易举的事情，要获得成功，也许要经历无数次的失败，也许要经历很多意料中或者意料外的艰难困苦。

一个年轻人急于想获得成功，于是他开始寻找成功。在寻找成功的路上他遇见一位智者，他向智者打听："走哪条路才能够成功？"

智者一句话也没有说，只是把手向远处一指。年轻人看看智者指引的方向，十分激动，想成功就在智者指引的方向，成功就近在咫尺，很快便可以得到了。于是，年轻人向着智者指点的方向大步奔去。不久，年轻人摔倒了。"哎呀！"他疼得大叫了起来。

成功没找到，自己反倒弄得如此狼狈，他寻思着自己一定误解了智者的意思。于是，他从中途返回，当他满身尘土、一瘸一拐地走到智者面前，再次向智者问那个问题，智者依旧把手指向那个方向。

年轻人半信半疑，但看着智者不容置疑的神情，还是顺从地沿着这条路走去。没过多久，路上又传出咕咚一声，紧接着又是一声"哎呀！"他又摔倒了。

他又从中途返回了，不过这次他是爬着回来的，浑身血污，衣衫褴褛。他一脸愤怒，向智者咆哮道："到底哪条路能够走向成功？我完全按照你指引的方向走，但我所得到的却只有伤痛与伤害！不要再用手指了！用嘴告诉我成功的方向。"

智者终于开了口，他说："成功就在那个方向，其实你马上就到达成功了。在你摔倒的地方不远处就是成功，而这些摔倒都是到达成功的必经之路。"

（佚名）

蜡 烛

只要不丢掉希望，我们才可能走出重重的黑暗。

二战期间，在苏门答腊岛的东海岸，一个日军建立的一个集中营里，带刺的铁丝网围着一片阴暗潮湿的牢棚。在牢棚外面，白天，赤道炽热的阳光照耀着；夜晚，满天的繁星映衬着一轮皓月。而在牢棚里面，只有无尽的黑暗。

牢棚里面住着许多人。哦，不，用"住"这个词显然不太恰当，我们是被填塞在里面。有时，我们能够远远地看到一缕微光，那是没有因年长日久而生锈的铁丝网在太阳或月亮的照射下闪亮。

已经有几年，还是几十年了？疾病和衰弱使我们不再留意这些。刚被关进来的时候，我们还计算时日；现在，时间仿佛已经不存在了。在我们周围，甚至就在我们面前，一些人死于饥饿，死于疾病，死于最后一线希望的破灭。对于战争结束、获得解放，我们早已失去信心。在浑浑噩噩、麻木不仁的生活里，只剩下野兽般从喉咙里蹿出的一丝生命欲望：饥饿。除非有人抓到一条蛇或是一只老鼠，否则我们就得挨饿。

不过，集中营里有个人仍有可吃的东西——一支蜡烛。当然，他原本没打算把它当食物，正常人是不吃蜡烛的。然而，当你看到周围的人都饿得皮包骨头、奄奄一息时（你甚至能在他们身上看到自己的影子），你就不会低估这支蜡烛的分量了。

每当实在无法忍受饥饿的折磨时，这个战俘就会小心翼翼地把蜡烛从藏匿的地方——一个小箱子中取出来，轻轻咬一下。他不会全吃掉的，他要把这支蜡烛当做最后关头的求生手段。当有一天人们因饥饿发疯时，他就会需要这支蜡烛了。

作为他的朋友，他保证到时候会给我一小截。所以，我日夜不停地留意着他和他的那个小箱子，这已成了我生死攸关的任务，以免在最后关头他自己把整支蜡烛都吃掉。

一天晚上，另一个战俘在数了数梁柱上刻的标记后，发现当天是圣诞节，于是闷声闷气地说了句："明年圣诞节我们就会回家了。"只有我们几个人点了点头，绝大多数人都毫无反应。谁还会有这种想法？

然后，又有一个人说了句很奇怪的话："圣诞节的时候有烛光和钟声。"他的声音虚无缥缈，仿佛来自无边的远方和久远的年代。对我们来说，这句话根本没有意义，与现实毫不相干。

天已经很晚了，我们躺在木板上，每个人都在想心事，或者确切地说，什么也没想。然后，我的朋友开始变得不安起来。他向他的箱子爬去，拿出了蜡烛。黑暗中，我能清晰地看见它的白颜色。"他准备吃了，"我想，"但愿他不会忘记我。"他把蜡烛放在了床板上。他要做什么呢？他走出了牢棚，看守在外面点了一堆火。

他拿着一块燃着的木片回来了，闪烁的火光像幽灵一样在牢棚里游荡。

我的朋友来到他的床前，用木片上的火点燃了蜡烛。

蜡烛在他的床头燃烧着。

谁也没有说话，但不久，一个接一个的黑影向他靠过来。这些双颊凹陷、目光饥渴、半裸的难友们默默地在燃烧的蜡烛旁围成一圈。

他们一个接一个地走过来，主教和牧师也在其中，已经很难认出他们的身份，因为他们也只不过是两个更加虚弱的囚犯而已，但我们知道。

"圣诞节来了。"牧师用沙哑的声音说，"光明在黑暗中闪耀。"

这是《约翰福音》中的语句，但在那个夜晚，在蜡烛周围，这已经不是几个世纪前的书面语句，而是活生生的现实给我们每个人的神圣启示。

我从未见过如此洁白、纤细的蜡烛。在火光中（尽管我真的很难描述当时的情景，但这一定是我们与上帝共享的秘密），我们看到了不属于这个世界的东西。虽然深陷于沼泽和丛林之中，但我们听到了成千上万个铜钟的鸣响和天使为我们唱出的圣歌。是的，我对此深信不疑，我有一百多个见证者。虽然他们无法言语，也已经不在这里，但这并不意味着他们一无所知。

蜡烛的火苗越燃越高，像利剑一样刺穿了黑暗的牢棚，直冲天际。一切都变得无比光明，我们从未见过如此耀眼的光芒。

我们自由了，并且精神振奋，不再饥饿。

现在，有人轻轻说："明年圣诞节我们就回家了。"这一次，我们都相信这是真的，因为，光明亲自给了我们这样的启示，那是用圣诞的火焰书写的文字。信不信由你，我是亲眼看到了。

蜡烛燃烧了整整一夜（是的，我知道世界上不会再有一支蜡烛可以燃烧得这样长久、这样壮美了），曙光来临时，我们齐声高唱。现在我们确信一个温馨的家正在等候着我们。

事实也正是如此。我们中的一些人在第二年圣诞节之前就回到了家中。另一些人呢？是的，他们也回家了，我帮着把他们埋葬在集中营后面的沼泽中一片比较干燥的土地里。他们临终时，眼睛不再像从前那样暗淡，而是充满了光明，那是蜡烛发出的光明，黑暗无法征服的光明！

（佚名）

自由的滋味

　　我知道自己在危境中活了过来，就这一点来说，我已经是个成功的人了。

　　那一年是 1980 年，当时我 15 岁。

　　我们的船停靠在西贡外面的一个码头。我们的心跳声几乎可以盖过马达的声音。船舱里有 120 个人，我们的身体全都叠在一起，我们只有一个梦想：自由。

　　逃离压迫，即使必须以付出生命为代价，我们还是想要自由。若是被抓回去的话，我们就会被关在粗暴的劳改营里，永远也出不来了。

　　我知道那种恐惧。一年前，我们试图逃出来的时候，他们差点抓到我。我在一处稻田一直躲到天黑，然后才偷偷地坐公车回家。

　　我躲过了检查，因为我的衣服看起来像是士兵的黄色卡叽服。船在半夜偷偷开出去的时候，我们都悄然无声。到我们的目的地泰国只有几个小时的航程，却也可以说是千里之遥。我回想到几小时之前，和我的家人道别的情景。他们只能为我这个长子提供路费。我忽然想到一件事：即使我成功了，我或许再也见不到他们了。

　　船舱内的空气非常地紧张，我们的气息紧黏着我们的皮肤。我们仍然受到炮火的攻击。半岛上都是全身武装的士兵。我们需要一整天的时间，才能完全脱离侦察范围。

　　我们有两天的食物：一小背包的米、一些牛奶和两个钢罐的水。我们不能喝海水，因为水中的盐分会让我们脱水。钢罐内的污垢和锈让水变成橘色的，可是我们只有这些水，我假装这些水的味道跟妈妈挤的柠檬汁一样，否则我实在喝不下去。

　　逃过侦察的范围之后，我们就可以放松了——至少在心理上是可以放松的。

越南的气候非常潮湿，再加上 120 个人挤在只能容纳 60 人的船舱里，可以想象那种几乎要窒息的感觉。那天晚上，情况甚至变得更糟了：我们碰到了暴风雨。连续两天，狂风与怒涛威胁着我们。我们的排泄物和呕吐物所发出的恶臭简直令人受不了，我爬到甲板上去呼吸一点新鲜的空气，感到有一个东西在我的头上呼啸而过。

一道波浪忽然将我打回船舱里。我失去了知觉，等我醒过来的时候，一个女人抱着我，说我很幸运。"那道浪打在你后面。"她说，"你差点掉到海里去了。"

我闭一下眼睛，想起小时候，每天晚上母亲总会提醒我，老天爷一直在看护着我们。或许他当时真的在保护着我。暴风雨虽然如此恶劣，可是跟我们所面对的事情比起来，却不算什么。

暴风雨还没有完全结束的时候，另一项灾难就来临了。船长在暴风雨中遗失了罗盘——或许就是两天前袭击我的波浪同时也夺去了他的罗盘。我们不仅脱离了航线，而且船上的电、瓦斯都没了。

我们真是彻底绝望。最害怕的事情发生了，虽然逃过了政府的毒手，我们却要在无情的太阳底下死去。

我们漫无目的地漂流了好几天。有时我们会看到地平线上有船只，可是我们却不能向他们发信号求救，因为我们的信号弹掉到海里去了。虽然白天的时候，其他船只可以轻易地看见我们，可是却没有船停下来救我们。或许是因为我们距离他们太远了，我希望事实真的是如此。我不愿意去想象：有人可以经过一艘载满垂死乘客的船只，却不伸出援手。

粮食已经吃光了，我们的身体严重脱水，衣服都粘在皮肤上，有些人的衣服甚至粘在船底。虽然海里到处都是鲨鱼，还是有很多人跳到水里去——不是为了游泳，而是要把皮肤浸湿。

有些妇女舀海水上来，然后在里面加糖，可是我们只能喝一杯，因为实在是太成了。我们都又机又渴，这对小孩来说更难挨。有一个 9 岁的男孩趁大家都不注意的时候，喝下了所有的水，结果那天晚上他就死掉了；我们用毯子将他包起来，海葬了。他的死让我们觉得非常难过。他的父亲是名美国士兵，如果他可以活着到美国去的话，他一定会过得很好的。

我们虽然听天由命，却还是试着彼此安慰。我的朋友唐问我："在死前，如果你只能拥有一样东西，你会选什么?"

我并不想要很多东西。如果我不能拥有我的家人的话，那么一件家人的纪念物也可以。"一杯柠檬汁。"我回答，"那就真的是太棒了。"

那天晚上，当我们坐在甲板上的时候，我看到地平线上有一道灿烂的光芒。我戳着唐的肩膀，指给他看，我们马上把这个消息传出去，船上立刻就充满了希望。

我们看到了一座油井。几个男人想要用木板将我们的船驶近一点，可是没有办法，水流实在是太急了。到早上的时候，我们只剩下一个选择:游泳过去。可是这段距离很长，海里有大批的鲨鱼出没，而船距离油井还有好几里远。

有三个人自愿游过去。第一个人自此没有再游回来过，他不是溺水，就是被鲨鱼吃了。第二个人游了一个小时后就放弃了，因为水流一直将他往后拉。第三个人是个渔民，他朝斜角的方向游去，最后水流终于将他朝油井的方向推过去。虽然他因为脚抽筋而停下来好几次，12 个小时之后，他终于还是抵达了油井。

第二天早上，他们就把我们接过去了，我们出港已经 8 天了。我们的嘴唇都已经干裂，而且在流血。皮肤青肿，而且发炎，胃都肿起来。我们不能吃固体的食物，所以他们就让我们吃稀饭，这是我的一生中吃过的最美味一餐了。

我们全都活了下来。这艘船将我们送到马来西亚的难民营去，后来我们获准到美国去，我们的自由美梦终于实现了。我于 1990 年入籍美国。我在罗杰斯大学读工程学，从 1991 年开始，我就拥有自己的公司。我的家人都以我为荣。

那 8 天的经验真是可怕，我希望别人永远都不要有这样的经验。可是这个经验却让我对人生有了透彻的看法，因此是值得的。我的人生路途并不总是平坦的，有时还是会遇到偏见的伤害，而且有时工作压力非常大。可是如果你曾经那么接近过死亡的话，那么那些压力就都不算什么了。

我妈妈说得对，老天爷从不给我们不能处理的事物，如果明天我就失去我的公司，我也会觉得无所谓。我知道自己在危境中活了过来，就这一点来说，我已经是个成功的人了。现在每当我喝柠檬汁的时候，我就会想起这一点。

(佚名)

再努力一下

当我们的梦想遭遇挫折的时候，不要轻易放弃。因为，无数的事例说明，机遇偏爱执著追求的人。

有一个学生，他的第一次面试给他留下了终生难忘的教训。那天，他拿着一家著名广告公司的面试通知，兴奋的提前 10 分钟就到达了举行招聘的大厦。这个学生很自信，因为他的专业成绩很好，年年都拿奖学金。所以，对这次面试，他胸有成竹。

广告公司在这座大厦的 20 层，大厦的管理是很严格的。两位精神抖擞的保安分立在两个门口旁，在他们之间的条形桌上有一块醒目的标牌：来客请登记。

这个学生向前询问："您好，请问 2020 房间怎么走？"保安拿起电话，过了一会儿说："对不起，2020 房间没有人。"他连忙解释："今天是他们面试的日子，您看，我这有他们面试的通知。"那位保安又拨了几次："对不起，先生。2020 房间还是没有人。我们不能让您上去的，这是规定。"

这个学生怎么也没想到，第一次面试就这么不顺利。面试通知上写的很清楚：迟到 10 分钟，取消面试资格。他只好自认倒霉回到了学校。

晚上，这个学生收到了一封电子邮件：先生，您好！也许您还不知道，今天下午我们就在大厅里对您进行了面试，很遗憾，您没有通过。您应该能注意到那位保安先生根本就没有拨号，大厅里还有别的公用电话，您完全可以自己去询问一下。我们虽然规定迟到 10 分钟就取消面试资格，但您为什么立即放弃而不再努力一下呢？

这个学生看完电邮后，心痛得晕倒了！

（佚名）

换个角度看人生

生活也许到处都是障碍，同时也到处都是通途，只需大胆地向前走。

有一少妇投河自尽，被正在河中划船的船夫救起。船夫问："你年纪轻轻，为何自寻短见？""我结婚才两年，丈夫就抛弃了我，接着孩子又病死了。您说我活着还有什么意思？"船夫听了，想了一会儿，说："两年前，你是怎样过日子的？"少妇说："那时的我自由自在，没有任何烦恼……""那时你有丈夫和孩子吗？""没有。""那么你不过是被命运之船送回到两年前去了。现在你又自由自在，没有任何烦恼了，你还有什么想不开的？请上岸去吧……"话音刚落，少妇恍如做了一个梦，她揉了揉眼睛，想了想，心中豁然开朗便上岸走了。从此，她没有再寻短见。她从另一个角度看到了希望的曙光。

记得有位哲人曾说："我们的痛苦不是问题的本身带来的，而是我们对这些问题的看法而产生的。"这句话很经典，它引导我们学会解脱，而解脱的最好方式是面对不同的情况，用不同的思路去多角度地分析问题。因为事物都是多面性的，视角不同，所得的结果就不同。

相信一句话：要解决一切困难是一个美丽的梦想，但任何一个困难都是可以解决的。一个问题就是一个矛盾的存在，而每一个矛盾只要找到合适的介点，都可以把矛盾的双方统一。这个介点在不停地变幻，它总是在与那些处在痛苦中的人玩游戏。转换看问题的视角，就是不能用一种方式去看所有的问题和问题的所有方面。如果那样，你肯定会钻进一个死胡同，离问题的解决越来越远，处在混乱的矛盾中而不能自拔。

活着是需要睿智的。如果你不够睿智，那至少可以豁达。以乐观、豁达、体谅的心态看问题，就会看出事物美好的一面；以悲观、狭隘、苛刻的心态去看问题，你会觉得世界一片灰暗。两个被关在同一间牢房里的人，透过铁栏杆看外面的世界，一个看到的是美丽神秘的星空，一个看到的是地上的垃圾和烂泥，这就是区别。

换个视角看人生，你就会从容坦然地面对生活。当痛苦向你袭来的时候，不要悲观气馁，要寻找痛苦的原因、教训及战胜痛苦的方法，勇敢地面对这多舛的人生。

换个视角看人生，你就不会为战场失败、商场失手、情场失意而颓废，也不会为名利加身、赞誉四起而得意忘形。

换个视角看人生，是一种突破、一种解脱、一种超越、一种高层次的淡泊宁静，从而获得自由自在的乐趣。转一个视角看待世界，世界无限宽大；换一种立场对待人事，人事无不畅通。

（佚名）

追随梦想

　　尽管实现梦想的途中有时会遇到障碍，但无论如何，我们都应当都要追随自己的梦想，不要被别人的一句话所击退。

我的朋友蒙提·罗伯兹在圣思多罗拥有一个牧马场。他那宽敞的住宅经常被我借用来举办筹募活动，募集的资金用来资助青少年冒险计划。

上次活动，他在致辞中说："我把房子借用给杰克是有原因的。这个故事要从一个小男孩说起，他父亲是个马术师，他从小就跟着父亲东奔西跑，求学过程并不顺利。读初中时，有一次，老师让全班同学写作文，题目是《我的梦想》。

"那晚，他一气呵成，整整写了七页，描述他的宏图大志：拥有一座属于自己的牧马场，他仔细画了一张 200 亩农场的设计图，上面标有马厩、跑道等的位置。还要在农场中央建造一栋占地 4000 平方英尺的巨型豪宅。

"他费尽心思写完作文，第二天交给老师。两天后文章发下来，一个又红又大的'F'赫然出现在第一页，旁边还有一行字：下课后来找我。

"下课后，他满脑子幻想，拿着作文去找老师：'为什么给我不及格呢?'老师答道：'你年龄还小，理想太不切实际了。你没钱，没背景，一无所有。盖农场是一个大工程，要花很多钱；你还要买地、买纯种马匹、雇人照料。对于你来说，这些都是不可能的。'他接着又说：'如果你愿意重写一个现实的理想，我会重新给你打分。'

"男孩回家后，辗转反侧，思考了很久。后来征求父亲的意见。父亲对他说：'儿子，这个决定很重要，你要自己慎重考虑。'

"经过几天的深思熟虑后，他决定原封不动地交回原稿。他告诉老师：'就算得大红'F'，我也绝不放弃梦想。'"

这时蒙提对大家说："我讲这个故事，是因为各位现在就坐在200亩的农场，占地4000平方英尺的豪华住宅里。我至今还保留着初中时写的那篇作文。"他顿了顿说："有趣的是，那位老师，在两年前的夏天，带着他的30个学生来我的农场露营一周。他离开前对我说：'蒙提，你看，说来惭愧，我做你老师的时候，曾打击过你，这些年，我似乎对很多学生都这样做过。幸好你有毅力坚持自己的梦想。'"

(佚名)

忠实的拥戴者

任何事情都是有两面性的，不幸其实也是一种财富。

拿破仑出身贵族，但是到他这一代，也只是空有一个贵族的头衔，生活却有些贫困潦倒了。他的父亲高傲而坚毅，虽然经济拮据，还是坚持把拿破仑送进了一所贵族学校。

在这所贵族学校，拿破仑交往的都是一些只知道炫耀自己、对拿破仑嘲笑讥讽的同学。这种嘲笑讥讽深深地刺伤了小拿破仑的自尊心，引起了他的强烈愤怒，然而对此他无能为力，只能为这种威势所屈服。

后来他忍受不了了，就写信给他的父亲："我不想在这里待下去了，我不想和这些不学无术的同学为伍。为了忍受这些不知天高地厚的孩子们的嘲笑，我实在疲于解释我的贫困了，他们唯一高于我的便是金钱，至于说到高尚的思想，他们是远在我之下的。难道我要一直在这些富有而骄傲的人面前永远谦卑下去吗？"

"你必须在那里把书念完，这是你改变目前生活状况的唯一途径！"父亲坚定地回答，同时拒绝了他的要求。因此，他只能在那所学校继续待下去了。他知道无法改变目前的现实，就迅速地调整好心态，把那里的每一种嘲弄、每一种欺侮、每一种轻视的态度，都转化为一种向上努力的决心。他要以实际行动让这些愚蠢的富人们看看，他确实要比他们优秀。

这不是一件容易的事情，为此他付出了很多。他在自己心里暗暗计划，决定利用这些没有头脑而又傲慢的人作为桥梁，使自己达到权力、财富、名誉的巅峰。

16 岁的时候，他当上了少尉。但就在这一年，他遭受到了另外一个打击，他的父亲去世了。这样，他不得不从他那本来就少得可怜的薪水中，抽出一部分来帮助他母亲。

他的同伴大部分的时间都在追求女人和赌博。因为他桀骜不驯的性格，使他不受女人喜欢；而他的贫困，使他赌博也没有资格。他用埋头读书的方法，去努力和他们竞争。读书是和呼吸一样自由和不受限制的事情，这使他得到了很大的收获。

没过多久，一切情形都因此而改变了。从前嘲笑他的人，现在都到他周围来，想分得一点儿他得到的奖金；从前轻视他的人，现在都希望成为他的朋友；从前揶揄他矮小、无能、死用功的人，现在变得尊重他了。他们都变成了他忠实的拥戴者。

（佚名）

希望天使

希望就是力量，在许多情况下，希望的力量可能比知识的力量更强大，因为只有在希望的背景下，知识才能被更好地利用。

一个出生在基尔布莱德东部拉纳克郡的女孩儿艾米·迪克，在她仅18个月大的时候发生了一次意外，而那次意外却对她造成了一生的伤害。就在她妈妈一转身的工夫，刚刚学会走路的艾米就因好奇心的驱使，伸手去抓厨房里热水壶的壶嘴，结果，滚烫的开水全部倒在了她幼小的身体上。

她的妈妈鲁比看到艾米身上可怕的烫伤，急得不知所措。她叫来了救护车后，匆忙地把女儿送到了最近的医院。艾米的身体有百分之二十被烫伤，而且都是三度烫伤。医生立即告诉她，让艾米活下来的最好的机会就是马上去几英里外的格拉斯哥皇家医院——一家治疗烧伤的医院。到那儿后，外科医生从艾米身上取下其他未被烫伤的组织，为她进行了非常复杂的长达6个小时的皮肤移植手术。后来的16年中，在艾米的身上又实施了12次手术。

4岁时，她进入了麦克斯威尔顿小学读书，同学们都对她冷嘲热讽，或是干脆不和她玩儿。她回忆道："我是这条街道，班级，甚至是学校里唯一一个被烫伤的孩子，有些孩子就是因为这个原因不愿与我交朋友。"

如今，17岁的艾米还是无法忘记自己是一个因烫伤而带着一身伤疤的人；痛苦已成为她身体上无法去除的一部分。目前，她仍然还有两次皮肤移植手术要做。但如今，她已是一个充满自信，性格外向的青少年，她把自己的激情与希望都给予了其他年幼的烧伤患者。

艾米的母亲鲁比是一个殡仪师，父亲盖比是一个警察，他们给了艾米极大的支持。艾米说道："他们告诉我，如果人们对我的烫伤有所顾忌的话，那是他们自身的问题而不是我的。他们教会我如何应对他人的反应，并不断地提醒我，我是被人珍惜和爱护着的。"艾米积极乐观的思想使她在烧伤协会里很受欢迎，她帮助年幼的患者们重建自信，使他们能够带着永久的伤疤勇敢地生存下去。

"她是苏格兰儿童烧伤协会的一个成员，那是去年承办的一个慈善机构。"这个协会的主席兼爱丁堡皇家医院烧伤部的护士长唐纳德·托德这样诉说着，"艾米为这些小患者们带来了许多的鼓励。她性格乐观而又外向，成为孩子们的好榜样。"

本月，艾米将会与孩子们一同到剑桥郡的格拉夫汉水浴中心去举办慈善会的首次夏令营活动。她说："我将教会他们如何摆脱别人无情的目光。"艾米喜欢穿时尚的无袖上衣，而且，她还计划着在夏令营里向那些孩子们展示一下，告诉他们同样可以这样穿。她说："我不会穿特别长的衣服去隐藏自己的伤疤。早在几年前，我就已经不在乎别人会怎么看我了。"

唐纳德·托德相信，在此次的夏令营中艾米会给孩子们带来巨大的影响。她的成熟远远超过了她的实际年龄。正是艾米的悲惨经历形成了她坚强不屈、乐于助人的个性。

（佚名）

岩缝里的小草

命运掌握在自己手中，你能支配自己的命运。

岩石长年累月地经受风侵雨蚀，裂开了一道缝。

一粒草的种子落到岩缝里来。

岩石说："孩子，你怎么到这儿来了？我们太贫瘠了，养不活你啊！"

种子说："老妈妈，别担心，我会长得很好的。"

经过阵阵春雨的滋润，种子从岩缝里冒出了嫩芽。

阳光爱抚地照耀着它，春风柔和地轻拂着它，雨露更不断地给这不平凡的幼芽以最慈爱的关怀和哺育。

小草渐渐长大了，长得很健康、很结实。

岩石高兴地说："孩子，你真不错！你是倔强的，是值得我们骄傲的！"它用自己风化了的尘泥，把小草的根拥抱得更紧。

一个诗人走过，看见了从岩缝里长出来的小草，不禁欣喜地吟咏道："啊！小草的生命多么顽强，我要千百遍地赞美它。"

小草谦逊地说："值得赞美的不是我，而是阳光和雨露，还有紧抱着我的根的岩石妈妈。"

小草生活在岩缝，生长很艰难，可是它却没有抱怨命运的不公，而是依靠自己的力量顽强地生长着，小草的这种精神值得我们学习。3 我们的命运是不容谈判的、不可改变的，也是不会妥协的，它虽具有绝对的"特定性"，但同时我们具有反抗命运的绝对自由。这有如我们发纸牌。一旦我们得到了这手牌，我们就有随意支配它们的自由。

为了支配自己的命运，我们就要做一个精神上的强者，一个坚忍不拔、威武不屈的人。人的精神力量是无穷无尽的。世间不存在人无法克服的艰难困苦。人对于这些艰难困苦不是默默地承受，而是去克服它们，使自己变得更加坚强。当你感到困难无法克服，头脑中出现退却的念头，想走捷径的时候，你可别怜悯自己。怜悯自己是意志薄弱的表现，它能使强者变成弱者。而做一个弱者，其命运是不能令人羡慕的。弱者的乐趣既渺小又贫乏，他不懂得生活的真正幸福，理想对于他来说是不可思议的，也是无法达到的，因为懦弱会发展成为自私和胆小。你越觉得自己是强人，你心中藏着"努力奋进"的动力就越强大。要是你让你身上那种怜悯自己的感情滋长的话，那么你心中的渴望进取的动力就会永远保持沉默。对于无病呻吟和灰心丧气，对于软弱和绝望，你要毫不妥协，毫不留情。要记住：人有时会出现体力完全耗尽的情况，可是精神力量会在他的身上激发新的体力，使得他继续像斗士一样生活。

（佚名）

美丽的石头城堡

　　希望是生活的灯塔，没有希望的人生就如同在黑暗中行进；希望具有鼓舞人心的创造性力量，她激励人们去尽力完成自己的事业；希望可以增强人们的才智，能够使梦幻变成现实。

　　一位名叫希瓦勒的乡村邮递员，每天徒步奔走在各个村庄之间。有一天，他在崎岖的山路上被一块石头绊倒了。他发现，绊倒他的那块石头样子十分奇特，他拾起那块石头，左看右看，有些爱不释手了。

　　于是，他把那块石头放进自己的邮包里。村子里的人们看到他的邮包里除信件之外，还有一块沉重的石头，都感到很奇怪，便好意地对他说："把它扔了吧，你还要走那么多路，这可是一个不小的负担。"

　　他取出那块石头，炫耀地说："你们看，有谁见过这样美丽的石头？"

　　人们都笑了："这样的石头山上到处都是，够你捡一辈子。"

　　回到家里，他突然产生一个念头，如果用这些美丽的石头建造一座城堡，那将是多么美丽啊！

　　于是，他每天在送信的途中都会找几块好看的石头。不久，他便收集了一大堆，但离建造城堡的数量还远远不够。

　　于是，他开始推着独轮车送信，只要发现中意的石头，就会装上独轮车。

　　此后，他再也没有过上一天安闲的日子，白天他是一个邮差和一个运输石头的苦力，晚上他又是一个建筑师。他按照自己的天马行空想像来构造自己的城堡。

　　所有的人都感到不可思议，认为他的大脑出了问题。

　　20多年以后，在他偏僻的住处，出现了许多错落有致的城堡，有清真寺式的、有印度神教式的、有基督教式的……当地人都知道有这样一个性格偏执、沉默不语的邮差，在干一些如同小孩建筑沙堡的游戏。

发现最好的自己

　　1905 年，美国波士顿一家报社的记者偶然发现了这群城堡，这里的风景和城堡的建造格局令他慨叹不已，为此写了一篇介绍希瓦勒的文章。文章刊出后，希瓦勒迅速成为新闻人物。许多人都慕名前来参观，连当时最有声望的大师级人物毕加索也专程参观了他的建筑。

　　在城堡的石块上，希瓦勒当年刻下的一些话还清晰可见，有一句就刻在入口处的一块石头上："我想知道一块有了愿望的石头能走多远。"

　　据说，这就是那块当年绊倒希瓦勒的第一块石头。

　　其实有了愿望的不是石头，而是我们的内心有了一股强大的信念，这个信念就是要过自己向往的生活。

　　许多人之所以不平凡，是因为他们能够清醒地认识到一点：自己想过什么生活，想要什么样的人生。当他们有了自己的梦想以后，任何困难都是微不足道的。

（佚名）

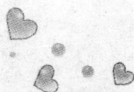

第五辑　快乐的真谛

在日常的生活中，我们往往见到有人乐观，有人悲观。为何会这样？其实，外在的世界并没有什么不同，只是个人内在的处世态度不同罢了。

要活得快乐，就必须先改变自己的态度。我想，这就是快乐的真谛吧！

成长的树根

不论我们是否愿意，生活总是艰辛的。人们大多祈求顺利，但几乎很难实现。我们要做的是让根深植于无垠的大地，只有这样，身处逆境时，我们才不会被挫败。

小时候，老邻居吉布斯医生和我认识的其他医生有所不同，他从不会因为我们在他院子玩耍而大吼大叫。在我的印象中，他是个和蔼可亲的人。

吉布斯医生不出诊的时候就去种树。他的人生目标就是将占地10英亩的住所变成一片森林。

这个和蔼的医生在园林种植方面颇有一番有趣的理论。他属于"不劳无获"的园艺派。他从不给新种的树浇水，这显然有悖于常理。一次，我问他原因。他说给新种的树浇水会害了它们，那样，每棵成熟的树的后代就会越来越娇贵。我们应当为它们创造艰苦的环境，早些淘汰那些弱不禁风的树。

他还说用水浇灌的树，其根是如何肤浅，而未经浇灌的，又是如何深扎泥土以获取水分。他的话使我懂得了深根的重要。

所以，他从不给树浇水。他种了一棵橡树，每天早上，非但不给它浇水，还用卷起的报纸抽打它。啪！噼！砰！我问他为什么，他说是为了吸引树的注意力。

我离家若干年后，吉布斯医生过世了。我常经过他的房子，看看那些25年前我看着他种下的树。如今都粗壮无比，枝繁叶茂，生气勃勃。它们在清晨醒来，拍打着胸膛，吮吸着苦难的汁液。

数年前，我在九平方码的地方种了几棵树，整个夏天，我都坚持为它们浇水，喷杀虫剂，并祈祷。悉心照料了两年，结果它们却弱不禁风。每当寒风吹过，就颤抖不已，娇弱至极。

有趣的是，吉布斯医生的那些树似乎在困境和磨难中受益匪浅，这是舒适和安逸无法给予的。

每晚睡前，我总要去看看两个儿子。我站在那里，看着他们幼小的身体，生命将在其中起落不定。我常为他们祈祷，祝福他们的人生平安顺利。但是近来，我想该改掉祈祷词了。

这种改变是与人生必经的波折相关联的。我知道孩子们会遭遇挫折，我祈祷他们不要过于幼稚无知，要懂得挫折无处不在。

（佚名）

只要 80% 的薪水

舍弃眼前的一些小利益，是一条智慧的成功之路。

有一家有名的、实力强大的中外合资公司，因为公司业务发展的需要，要招聘新的员工。这个招聘信息一经发布，前往求职的人便如过江之鲫，为数众多。但这个职位也不是那么容易就可以随便胜任的，条件非常苛刻，需要经过层层筛选，被录用的比例很小。

那年，从某名牌高校毕业的阿光，也是这些求职人员中的一员。他非常渴望进入该公司，但是他也清楚，凭借他现在的条件，想在这么多的求职者中突出重围，也非易事。于是，他给公司总经理寄去一封短笺，很快他就被录用了，打动该公司老总的不是他的学历，这个公司高学历的人多了去了。吸引老总的是他那提出的特别的求职条件：只要能进这个公司，随便给他安排一份工作就行。无论多苦多累，他只拿做同样工作的其他员工五分之四的薪水，但保证工作做得比别人还要优秀。

进入公司后，他没有食言，干得很出色，公司主动提出给他全额薪水，他却始终坚持最初的承诺，比做同样工作的其他员工少拿五分之一的薪水。

后来，公司遇到了一些挫折，要裁减部分员工，很多员工无奈地失业了，而他非但没有下岗，反而被提升为部门经理。这个时候，他依旧坚持自己的诺言，主动提出少拿五分之一的薪水。但工作依然兢兢业业，做着公司业绩最突出的部门经理。

后来，公司准备再次给他升职，并明确表示不让他再少拿一分薪水，还允诺给他相当诱人的奖金。面对如此优厚的待遇，他没有受宠若惊，反而出乎所有人意料地提出了辞呈，转而进入了另一个各方面条件都很一般的一家公司。

没过多久，他凭着自己充足的经验、非凡的经营才干，以及稳健踏实的工作作风，赢得了新公司上下一致的信赖，被推选为公司总经理，当之无愧地拿到一份远远高于那家合资公司许多的报酬。

后来有人追问他当年为何坚持少拿五分之一的薪水，他微笑道："我从来没有觉得我少拿了薪水，我刚毕业的时候，一点经验都没有。那个公司愿意接纳我，我已经感激不尽了。对我来说，那五分之一的薪水只不过是先付了一点儿学费而已，我今天的成功，很大程度上取决于在那家公司里学到的经验……"

（佚名）

人生的行李

有太多人在人生旅途上携带了太多的行李——许多行李其实是不必要的。

身为人类的一员，宇宙让我印象深刻的地方就是它的巨大——大得使我做任何"比较"都变得毫无意义。事实上，也已经没有"比较"可言了：在无限的宇宙之前，地球的地位甚至不如沙滩上的一粒沙；而以这种比较基础来看，"我"在地球上的地位则还不如一粒沙中的某个原子。

如果这就是我在宇宙间的真正地位，那么我所碰到的问题又算老几呢？当然，这些问题对"我"都很重要，但是如果着眼于整个宇宙，它们就变得无足轻重。

我们每天碰到的困难当然都很真实，但我们若换一个较适当的观点来衡量事物，这些困难根本说不上是"大灾难"。在 30 年代晚期 40 年代初期，有个狂人叫做希特勒，他以病态方式屠杀了 600 万犹太人。

三十几年后，在史卡德这个地方，有个当时遭难的犹太人的儿子发现自己正陷入层层的困难中：在公司里，有个家伙千方百计地想把他从目前的职位上挤下来；他的医生警告他立刻戒烟，否则要面临严重的后果；他的情妇威胁他，如果不快点和他的妻子办妥离婚，就要把他剁成碎片。好，如果这个人突然发现自己回到 1942 年的奥许维兹集中营，会有什么结果？毫无疑问，以集中营的观点来看，现在所谓的困境简直就是天堂。

现在，假设你身在日本广岛，而时间是 1945 年，那我只好老实告诉你，你就要身陷绝境了！

但是你只不过是最近在商业交易中被人骗了一大笔钱而已，我确信只要你能够冷静下来，理性地衡量一下你的情况，绝对可以找出一条活路——因为你并不在广岛，而现在也不是 1945 年！

你因步入中年而郁郁寡欢吗？有些人根本不会为这种问题沮丧。世界上还有许多地区，人民的平均寿命仅有 37 岁，不管男人或女人，他们根本就不必经历所谓"悲惨的 40 岁生日宴会"！

你曾对柴、米、油、盐等日常开销头疼吗？请记住，这个世界每天平均有一万人死于饥饿，此外，还有好几百万人苦于营养不良所引起的各种疾病。

房租太贵让你烦恼吗？也许你宁愿是个生活在印度加尔各答的街头流浪汉。这些幸运的家伙从来不必为房租问题烦恼，他们生在街头，也死在街头。他们唯一要操心的事情，就是晚上睡觉前能不能找到一块破布当枕头。

当我们知道有这么多惨状仍在世界上很多地方被默默接受的时候，我们却因为在某个高雅的餐厅没占到好座位大发雷霆；因为体重没有减轻深感懊恼；为了每个月的账单抱怨不休。

这就是我们的烦恼，我们的问题吗？到底拿它们来和什么标准作比较？

长期不间断的专注于痛苦是一件既不可能又不正常的事。所以，如果我们的手扭伤了还得上场打球，如果我们感冒躺在床上还得担心办公室积压的公事，我们当然会心烦，这一点绝对可以理解。但是我们处事的观点若只局限于这类芝麻小事，那么即使是最微不足道的困难也可能变成人生的主要障碍，于是拘泥于这种小节终将耗尽我们宝贵又有限的时间与精力。

两千多年前中国有一位思想家叫做庄子，他有一段故事对我产生的影响非常深远。这位道家的宗师所表达的思想让我悠然神往。在那个古老的时代，人们毋须忍受今天我们所面临的诸多紧张。他们无欲也无争，所以庄子有的是时间去思考："从前，我曾梦见自己变成一只蝴蝶，翩翩飞舞，四处翱翔。当时，我就有此幻化成蝴蝶的激情。虽然是在梦中，我却意识清醒地自觉是只蝴蝶，再也感觉不出自己是以'人'的躯体存在。我突然醒转过来，发现自己躺在床上。在那一瞬间，我再也分不清自己到底是梦见变成蝴蝶的人还是梦见变成人的蝴蝶？"

老天，你觉得自己糟透了——一大叠账单，情人老是和你意见相左，修车的费用是原先估价的两倍……但这又有什么好烦恼的？你只不过是只该死的蝴蝶，刚刚作了个噩梦！

有太多人在人生旅途上携带了太多的行李——许多行李其实是不必要的。尽可能丢弃那些所谓的问题及烦恼吧！放慢脚步，轻松一下，好好想一想。不要急着用压力锅想把所有食物一次煮熟，做菜得一道一道来，你最好一次解决一个障碍。

（佚名）

最完美的计划

人们不能成功并非是因为计划不周全，而是他根本就没有迈出第一步的勇气。

一群人生活在某个小城里。他们认为小城就是上帝最钟爱的地方，是世界上最美丽最富饶的地方。

后来，一位客商打消了他们的这一想法。客商告诉他们，小城之外有很多更美丽、更富饶的城市。而这个小城，只是个小得极其不起眼的地方。为了证明自己的话,客商还将自己随身携带的地图拿了出来,让小城里的人们看了看。

"一个人一生只待在这么一个小地方真是太可惜了!"客商临走前,对他们感慨道。客商的话深深地烙印在了人们的心里,终于,他们决定走出小城,看看外面的世界。

有了这个想法之后,他们便着手制订一份周全的计划。因为大家都没有出过远门,如果计划不周全,一旦遇到问题就麻烦了。于是,他们开始计划要去的地方,路上必需的物品以及预定的返回期限等。

最后,大家终于选定了一个出行的日子。可就在出发前,问题又来了。

要乘坐怎样的交通工具?要具体走哪一条路?这让人们意识到,自己的出行计划是多么的不周全,于是他们又开始着手设计最为详尽的出行路线。

可是,他们没有地图啊!没有地图又怎么设计出行路线呢?

于是,他们立即去买地图,却发现整个小城都没有卖地图的地方。终于,有外来的商贩路过小城,人们这才从商贩手中买了几份地图。

"怎么?你们要远行?"商贩听到人们的出行想法很是吃惊。"如果要远行应该准备个地球仪,这样你们才能设计出最完美的路线。"

"地球仪?"人们听了恍然大悟。

于是,他们又开始等待卖地球仪的商贩进城。

终于,他们等到了地球仪。

"怎么?你们要远行?那你们应该准备一张火车时刻表啊!"卖地球仪的商贩也向他们提出了建议。

于是,人们又开始等待购买火车时刻表。否则错过了坐火车的时间怎么办?可是,在有了火车时刻表之后他们又发现还需要指南针,到了陌生的地方弄不清方向那可是一件可怕的事情。

等到人们把一切都准备好之后,他们发现自己竟然无法出行了。因为他们已经年老力衰,根本没有力气实施当年制订的计划了。

最终,这些人们不得不老死在小城之中,一辈子都没能看到小城之外的世界。

(佚名)

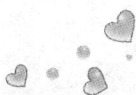

153

柏波罗与布鲁诺

> 大多数人是生活在一个"提桶"的世界里，只有一小部分人敢做建造管道的梦。

1801 年，有两位年轻人，一个叫柏波罗，一个叫布鲁诺，他们是堂兄弟，都是雄心勃勃的人。他们住在意大利的一个村子里。

两位年轻人从小就是要好的伙伴。他们都有雄心勃勃的梦想。

他们常常没完没了地谈论，在某一天通过某种方式，让自己可以成为村里最富有的人。他们都很聪明而且勤奋，他们所需要的只是机会。

有一天，机会来了。村里决定要雇用两个人把附近河里的水运到村广场的蓄水池里去。村长把这份工作交给了柏波罗和布鲁诺。

两个人各抓起两只水桶奔向河边开始了他们辛勤的工作。当一天结束时，他们把村广场的蓄水池装满了。村长按每桶水一分钱付钱给他们。

"我们的梦想终于实现了！"布鲁诺大喊着，"我简直不敢相信我们的好运气。"

但柏波罗却不是这样想的。

他的背又酸又痛，用来提那重重的水桶的手也起了泡。他害怕每天早上起来都要去做同样的一工作。于是他发誓要想出更好的办法，来将河里的水运到村里来。

"布鲁诺，我有一个计划，"第二天早上，当他们抓起水桶往河边奔时柏波罗说道，"一桶水才 1 分钱的报酬，却要这样辛苦地来回提水，我们不如修一条管道，将水从河里引进村里去吧。"

布鲁诺愣住了。

"一条管道？谁听说过这样的事？"布鲁诺大声地嚷道，"柏波罗，我们拥有一份很棒的工作。我一天可以提 100 桶水，一天就是 1 元钱！我已经是

富人了！一个星期后，我就可以买双新鞋。一个月后，我就可以买一头牛。6个月后，我还可以盖一间新房子。我们有全镇最好的工作。我们这辈子都不用愁了！放弃你的管道幻想吧。"

柏波罗不是一个容易气馁的人，他耐心地向他最好的朋友解释这个计划，可惜的是并不能改变布鲁诺的想法。于是柏波罗决定，即使自己一个人也要实现这个计划，他将一部分白天的时间用来提桶运水，用另一部分时间以及周末的时间来建造他的管道。他知道，要在像岩石般坚硬的土壤中挖出一条管道是多么艰难的事。因为它的薪酬是根据运水的桶数来支付的。他知道在开始的时候，自己的收入会下降。他也知道，要等上 1 年，2 年，他的管道才能产生可观的效益。但柏波罗坚信他的梦想会实现，于是他全力以赴地去做了。

不久，布鲁诺和其他村民就开始嘲笑柏波罗了，称他为"管道建造者柏波罗"。布鲁诺挣到的钱比柏波罗的多一倍，并常向柏波罗炫耀他新买的东西。他买了一头毛驴，配上全新的皮鞍，拴在了他新盖的两层楼旁。

他还买了亮闪闪的新衣服，在饭馆里吃着可口的食物。村民尊敬地称他为布鲁诺先生。他常坐在酒吧里，掏钱请大家喝酒，而人们则为他所讲的笑话而格外的高声大笑。

当布鲁诺晚上和周末在吊床上悠然自得时，柏波罗却还在继续挖他的管道。头几个月里，柏波罗的努力没有多大的进展。他工作得很辛苦——比布鲁诺的工作更辛苦，因为柏波罗晚上、周末也还在工作。

但柏波罗不断地提醒自己，实现明天的梦想是建立在今天的牺牲上面的。一天一天过去了，他继续地挖，一次只能挖 1 英寸。

1 英寸又 1 英寸……成为 1 英尺。他一边挥动凿子，打进岩石般坚硬的土壤中，一边重复这句话。1 英寸又 1 英寸……成为 1 英尺，然后 10 英尺，……20 英尺……100 英尺……

"短期的痛苦带来长期的回报。"每天的工作完成后，筋疲力尽的柏波罗跌跌撞撞地回到他那简陋的小屋时，他总是这样提醒自己。他通过设定每天的目标来衡量自己的工作成效。他这样一直坚持下来，因为他知道，终有一天，回报将大超过此时的付出。

每当他入睡前，耳边尽是酒馆中村民的嘲笑声。"目光要牢牢地盯在回

报上。"他一遍又一遍的重复这句话。

就这样一天天，一月月地过去了。有一天，柏波罗意识到他的管道已经完成了一半了，这也意味着他只需提桶走一半路程了。柏波罗把这多出的时间也用来建造管道。终于，完工的日期越来越近了。

在他休息的时候，柏波罗看到他的老朋友布鲁诺还在费力地运水。布鲁诺的背驼得更厉害了，并由于长期的劳累，步伐也开始变慢了。布鲁诺显得很生气，闷闷不乐，好像是为他自己注定一辈子要运水而愤恨的样子。

他在吊床上的时间减少了，却花更多的时间泡在酒吧里。当布鲁诺进来时，酒吧的老顾客们都窃窃私语："提桶人布鲁诺来了。"当镇上的醉汉模仿布鲁诺弓腰驼背的姿势和他拖着脚走路的样子时，他们都咯咯地大笑。布鲁诺不再习惯请大家喝了，也不再讲笑话了。他宁愿独自坐在漆黑的角落里，被一堆空酒瓶所包围。

最后，柏波罗的重大时刻终于来了——管道完工了！村民们簇拥着来看水从管道中流到水槽里！现在村子里有源源不断的新鲜水了。附近其他村子里有人也都纷纷地搬到这个村子中来了，于是这个村子就发展和繁荣起来了。

管道一完工，柏波罗就再也不用提水桶了。无论他是否工作，水都一直源源不断地流入。他吃饭时，水在流入。他睡觉时，水在流入。当他周末去玩时，水还在流入。流入村子里的水越多，流入柏波罗口袋里的钱也就越多。

（佚名）

自信的阶梯

自信让他从善良的角度去理解别人也学会了宽容。

爱德温的人生经历很坎坷。母亲未婚生下他不久，父亲突然抛弃了他们。母亲为了维持生活，每天疲于奔命地赚钱，巨大的生活压力让母亲的脾气变得很暴躁，被母亲打骂几乎成了小爱德温的家常便饭。从小就饱尝了孤独和不幸的爱德温，性格变得非常自卑和孤僻。

在学校里，爱德温心里总觉得同学看不起他，或者是有意捉弄他。扭曲的心理压力让他变得极易冲动，常为一点小事与同学大打出手。

中学毕业后，爱德温拒绝再回学校读书。母亲带他去咨询心理医生，医生建议说，虽然爱德温长得魁梧健壮，但是内心却脆弱不堪，如果换个生活空间也许对他有些帮助。

在医生的建议下，爱德温和母亲从城东搬到了城南，开始在一个陌生的环境里重新生活。

不久，爱德温应聘到一家汽车加油站工作。但古怪孤僻的性格使得爱德温常常与同事发生争吵，加之他的工作业绩平平，一年后，爱德温失业了。

之后，爱德温又先后找了几份工作，但最终都以失业告终。而性格的孤僻让他始终找不到自己梦想中的爱情。

38 岁生日那天傍晚，爱德温到寓所附近的一家超市去购物，当他结完账走出超市的时候，超市门口的磁条检测器发出了尖厉的报警声。

超市的两名保安人员闻声赶来，开始对爱德温进行搜查。一头雾水的爱德温傻呆呆地站在原地任凭保安人员用一根检测棒在他的身上来回搜寻。当检测棒触及到爱德温手中的购物袋时，鸣叫声再次响起。保安人员仔细地对购物袋进行了检查，原来是超市的店员忘记扯掉扣在一条皮带上的磁扣所引发的误会，忙连声向爱德温道歉。

但是，这件事在爱德温的眼中却没这么简单。他偏激地认为，超市的人在故意捉弄他。顿时，他如一头愤怒的狮子，朝超市的一名保安员扑过去，并一拳打伤对方的眼睛。

几个月后，爱德温站在了法庭的被告席上。法庭上，双方律师就爱德温打人时是否处于精神失常的情况，展开了激烈争论：最终，法庭认为，爱德温存在着较严重的心理疾病，但本质上是区别于精神病的。最后，法庭依法判处爱德温因故意伤人罪入狱两年。

入狱后，爱德温变得更加暴躁，常因为一丁点儿小事而与其他服刑人员

大打出手。对他的教育成了狱警最头疼的一件事。就在这时，一位名叫福特的狱警自荐担负这一重任。

福特警官认为，爱德温性格上的古怪和偏激，实际上是他的内心世界没有安全感和缺乏自信心的一种外部表现。为了矫正爱德温的心理问题，福特警官专门为他设计了一套心理康复计划。

一天午餐后，福特警官带着爱德温来到监狱餐厅的操作间。这里的一切在爱德温看来，是那么得新鲜。福特警官试探着问道："爱德温，你愿不愿意到这里来工作？"

爱德温脸上突然划过一道惊喜，但顷刻间又消失了。他低声说："我不行，不行。"

"为什么？怎么会不行呢？相信自己，你一定能做得很好。"看着福特警官充满肯定的目光，爱德温冰冷的心生出一丝暖意，于是，他点了点头。

这里的工作人员都是和爱德温一样的服刑人员，福特警官考虑到爱德温脆弱和易怒的性格，便特意把他独自安排在洗刷间，这样可以让他不受外界干扰而安心工作。

随后，福特警官又让餐厅工作人员向爱德温介绍了这里的工作流程和注意事项，他轻轻地拍了拍爱德温的肩膀说："这里就拜托给你了。好好干吧！你每个星期可以得到 20 美元的报酬和一杯可乐。"

其实，像爱德温这样表现不佳的服刑人员，是不能被安排工作的。然而，福特警官认为爱德温的情况比较特殊，所以还是努力给他争取到了工作的机会。

然而，他工作的第三天还是闯了祸。

那是个周六的晚上，人们都在餐厅里聚餐，所以需要大量洁净的餐具。于是，厨师便不停地从隔壁的操作间里催促爱德温。忙得大汗淋漓的爱德温洗好一摞盘子，准备递到操作间去。慌乱中，他的手一滑，一摞盘子全部掉到地上摔碎了。

突如其来的情形让爱德温一时间感到手足无措。这时，他听到隔壁操作间里传来窃窃低语声，爱德温以为隔壁的厨师在讥笑他，顿时，他火冒三丈，大步冲进操作间与几名厨师扭打起来。

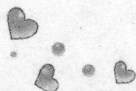

闻讯赶来的福特警官问清了事情缘由后，耐心地对爱德温说："听着，刚才你听到厨师们在低语，实际上他们根本不是在讥笑你，而是在研究意大利面的做法。看，你已经把盘子全部洗好了，所以，你大可不必在别人催促你的时候感到慌乱。你要对自己有信心，这样你的工作才能更加的有条不紊，对吗？"

"对不起，福特警官，我给您带来麻烦了。"爱德温沮丧地说。

"不，你干得很好。瞧，洗刷间的一切都让你打理得井井有条，你真的很棒。"福特警官微笑着说，"别担心，对于碎盘子的赔偿，我来帮助你解决。"

一时间，爱德温激动得无以言表。福特警官对他的关心和爱护，深深地触动了爱德温的心。从那以后，爱德温更加努力地工作，每当他取得一些成绩，即使是很小的进步，福特警官都会在公众场合赞扬他。这给爱德温增添了巨大的信心。

一年后，由于工作表现出色，福特警官把爱德温调到操作间，负责制作三明治爱德温从来没有过制作三明治的经验，起初他感到有些紧张想要退缩。福特警官却语气坚定地对他说："别担心，你一定会做得很好，我对你有足够的信心，你也要对自己有信心！"

听了福特警官的话，爱德温缓缓地走上操作台，系上了黑色的围裙，歼始按照台面上的食品配餐比例说明书认真地摸索着制作三明治。

第二天清晨，爱德温早早地来到操作台准备早餐。7点半，所有服刑人员在狱警带领下来到餐厅吃早餐。他们一个一个排着队到爱德温的操作台前领取早餐。而爱德温一边向来人问好，一边把准备好的火腿三明治发给他们。

这时，一个人走到他的操作台前，爱德温抬起头面带微笑地向来人问好。猛地，他认出了站在他面前的这个大个子。

那是在爱德温刚刚入狱不久，一次洗澡的时候，爱德温无意间使用了大个子的香皂。大个子说："你在用我的香皂吗？"这句本无恶意的话，却让爱德温感到很刺耳，他觉得大个子是在含沙射影地骂他是个爱占便宜的痞子。因此，他不由分说地一拳抡向毫无思想准备的大个子，大个子的鼻子立即淌出血来。大个子被惹恼了，二人厮打起来。但是，爱德温根本不是大个子的对手，那一次，他被打得鼻青脸肿。

这时，爱德温发现准备好的三明治已经全部发完了。此时，他必须要快速制作三明治发给大个子和后面的人。

爱德温心里虽然这样想，但是此时他感到脑海中一片空白，他甚至想不起应该先在面包上涂辣椒酱，还是先放萨拉米香肠。

正在他紧张得双肩颤抖的时候，他突然看到，福特警官正站在餐厅的一个角落里微笑地看着他，并竖起大拇指为他加油。爱德温合上双眼定了定神，接着，他开始镇定自若地制作三明治。

当他把做好的三明治递给大个子的时候，大个子瓮声瓮气地说："你让我等得太久了。"

"对不起！"爱德温说。

"哦，你做的三明治看上去好像很美味。"说完，大个子端着盛有三明治的盘子乐呵呵地转身走了。

早餐后，福特警官来到爱德温的身边，拍了拍他的肩膀说："爱德温，你知道吗，这一年多来，你最大的收获是什么？"

"我想应该是自信心。"爱德温不假思索地说。

"对！正因为你对自己有自信心，才对他人消除了敌意和抵触。"福特警官接着说："刚才，大个子发牢骚时，我以为你会反感他，但是，我听到你谦虚地向他说出'对不起'的时候，我意识到，爱德温不再是过去那个脾气暴躁的爱德温了，自信心让你学会从善良的角度去理解别人的意思，也让你学会了体谅和宽容他人……"

几个月后，爱德温因在服刑期间表现出色，而获得了减刑。几个月后，他终于迈出监狱大门而重获自由。

后来，在福特警官的帮助下，爱德温应聘到闹市区一家知名的快餐店做招待员。此时，呈现在人们面前的爱德温已是一个自信而谦和的人，看着他善意的微笑，谁会想到眼前这个气质优雅的男人，是这样驱散生活的阴霾，从烟雨中一路走来……

（佚名）

追梦人

好好的对待生活，认真的生活，珍惜现在，努力去创造梦想，然后去追寻这个梦想。

9岁时，我住在北卡罗来纳州的一个小镇上。在一本儿童杂志的后封，我看到一则招聘贺卡推销员的广告，认为自己能胜任。征得妈妈的同意后，我让人把全套货物送来。两周后，货到了，我把棕色包装纸扯开，抓起卡片，就冲了出去。3个小时后，卡片卖光了，我的口袋里装满了钱。我跑回家高喊着："妈妈，人们都争先恐后地买我的贺卡！"一个推销员诞生了。

12岁时，父亲带我拜访齐格·齐格勒先生。记得那时我们坐在昏暗的礼堂里听着齐格勒先生演说，他的话激励了所有人，大家的情绪都很高昂。离开时我觉得自己无所不能了。

上车后，我对父亲说："爸爸，我也想让人们有这样的感觉。"

爸爸问我是什么意思。"我想成为齐格勒先生那样的鼓动演说家。"我答道。

一个梦想诞生了。

最近，我开始鼓动他人，激励他们实现自己的梦想。此前的4年里，我在一个拥有100家公司的财团工作，从一个销售培训员做到地区销售经理，在事业达到巅峰时我离开了公司。很多人不理解，我为什么会放弃6位数的高薪，去冒险实现自己的梦想。

我是在参加了一次地区销售会议后，决定离开安全港湾，自己开创公司的。那次会议上，公司副总裁做的一次演说，改变了我的命运。他问我们："如果一个神仙能满足你三个愿望，那你希望得到什么？"

他让我们把自己的愿望写下来，然后问："你们为什么需要神仙呢？"那一刻，这句话让我震撼不已，令我永生难忘。

我意识到自己拥有成功所具备的一切条件：毕业文凭、成功的销售经验、

无数的演讲经历，在一个拥有 100 家公司的财团做过销售培训和管理工作。要成为一名鼓动演说家，我已经准备好了，无需神仙的帮助。

当我含泪把计划告诉老板时，这位我所敬重的领导，出乎意料地说："勇往向前吧！你一定会成功。"

我刚决定下来，便遇到了考验。辞职一周后，丈夫也失业了。我们刚买了一栋新房子，需要双方用工资来支付每月的抵押贷款，可现在却一分钱收入都没有。此时我想重返公司，我知道他们仍想接纳我，但也知道一旦回去就很难再出来了。我下定决心继续前行，决不做一个满口"如果"，却不付诸行动的人。

一个鼓动演说家诞生了。

我紧追自己的梦想，即使是在最艰苦的时候也不曾放弃，最终奇迹出现了。丈夫在较短的时间内找到了一份满意的工作，我们的抵押贷款一个月都没拖欠。我也开始有新客户预约演说了。我发现了梦想的无穷力量。我喜欢先前的工作、同事和离开的那家公司，但我实现梦想的时机已成熟。为了庆贺成功，我请当地一位艺术家把新办公室改造成一座花园，在一面墙的顶端印了这么一句话："世界是为追梦者准备的。"

（佚名）

逼出来的爵士歌王

多一些开拓精神，打开自己的视野，不要惧怕变化和挑战，或许你会在别的领域做得更好。

在一个小酒吧里，一位年轻的小伙子正在用心地弹奏钢琴。说实话，他弹得已经相当不错了，每天晚上都有不少客人慕名而来，认真地倾听他的弹奏。

可是一天晚上，一位中年顾客在听了他弹奏的几首曲子后，对小伙子说："我每天都来听你弹奏这些曲子，你的那些曲子我已经熟悉得简直不能忍受了，不如你来唱首歌给我们听听吧。"

这位顾客的提议立刻获得了其他人的赞同，大家都纷纷要求小伙子唱歌。然而，小伙子在面对大家的请求时却变得腼腆起来，他抱歉地对大家说："非常对不起，我从小就开始学习弹奏钢琴，从来也没有学过唱歌。我长年累月地坐在这里弹琴，连说话都不太多，恐怕会唱得很难听的。"

那位中年顾客却鼓励他说："年轻人，正因为你从来没有唱过歌，或许连你自己也不知道你是个歌唱天才呢！"此刻，就连酒吧的经理也走出来鼓励他，劝他不要扫了大家的兴。小伙子固执地认为大家只是想看他出丑，于是坚持说只会弹琴，不会唱歌。

这时，酒吧老板看到顾客们的热情期待，就走过来对他说："你要么唱歌，要么只能另谋出路了。"

小伙子迫于生计，只好被逼得红着脸给大家唱了一曲《蒙娜丽莎》。哪知道他这一唱，所有人都被他那自然流畅而且男人味十足的唱腔给迷住了。

在大家的鼓励下，那个小伙子从此放弃了弹奏乐器的艺人生涯，开始向流行歌坛进军。这个小伙子后来居然成为美国著名的爵士歌王，他就是著名的歌手纳京高。

要不是那次被迫的开口一唱，纳京高可能永远都只是坐在酒吧里的一个三流钢琴演奏者而已。

（佚名）

守时的康德

要想取得成功，千万不要忽略了诸如守时一类的细节小事。

德国哲学家康德是一个十分守时的人。他认为无论是对老朋友还是对陌生人，守时都是一种美德，代表着礼貌和信誉。

1779 年，他想要去一个名叫珀芬的小镇拜访他的一位老朋友威廉先生。于是，他写了信给威廉，说自己将会在 3 月 5 日上午 11 点钟之前到达那里。威廉回信表示热烈的欢迎。

康德在 3 月 4 日就到达了珀芬小镇，为了能够在约定的时间到达威廉先生那里，他第二天一早就租了一辆马车赶往威廉先生的家。

威廉先生住在一个离小镇十几英里远的农场里。而小镇和农场之间，隔着一条河。

康德需要从桥上穿过去。但马车来到河边时，车夫停了下来，对车上的康德说："先生，对不起，我们过不了河了，桥坏了，再往前走很危险。"

康德只好从马车上下来，看看从中间断裂的桥，他知道确实不能走了。此时正是初春时节，河虽然不宽，但河水很深。

康德看看时间，已经 10 点多了，他焦急地问："附近还有没有别的桥？"

车夫回答："有，先生。在上游的地方还有一座桥，离这里大概有 6 英里。"

康德问："如果我们从那座桥上过去，以平常的速度多长时间能够到达农场？"

"最快也得 40 分钟。"车夫回答。

这样一来，康德先生就赶不上约好的时间了。

于是，他跑到附近的一座破旧的农舍旁边，对主人说："请问您这间房子肯不肯出售？"

农妇听了他的话，很吃惊地说："我的房子又破又旧，而且地段也不好，你买这座房子干什么？"

"你不用管我有什么用，你只要告诉我你愿不愿意卖？"

"当然愿意，200 法郎就可以。"

康德先生毫不犹豫地付了钱，对农妇说："如果您能够从房子上拆一些木头，在 20 分钟内修好这座桥，我就把房子还给你。"

农妇再次感到吃惊，但还是把自己的儿子叫来，及时修好了那座桥。

马车终于平安地过了桥。10 点 50 分的时候，康德准时来到了老朋友威廉的房门前。

一直等候在门口的老朋友看到康德，大笑着说："亲爱的朋友，你还像原来一样准时啊。"

康德和老朋友度过了一段快乐的时光，但是他对于为了准时过桥而买下房子、拆下木头修桥的过程却丝毫没有提及。

后来，威廉先生还是从那位农妇那里知道了这件事，他专门写信给康德说：老朋友之间的约会大可不必如此煞费苦心，即使晚一些也是可以原谅的，更何况是遇到了意外呢。但是康德却坚持认为守时是必须的，不管是对老朋友还是陌生人。

（佚名）

过一会儿

　　必须克服拖延的习惯，想方设法将其从你的个性中除掉。如果不下决心现在就采取行动，那事情永远不会完成。

一位年轻的女士在怀孕时非常高兴地在丈夫的陪同下买回了一些颜色漂亮的毛线，她打算为自己腹中的孩子织一身最漂亮的毛衣毛裤。可是她却迟迟没有动手。

有时想拿起那些毛线编织时，她会告诉自己："现在先看一会儿电视吧，等一会儿再织"，等到她说的"一会儿"过去之后，可能丈夫已经下班回家了。于是她又把这件事情拖到明天，原因是"要陪着丈夫聊聊天"。

等到孩子快要出生了，那些毛线还像新买回的那样放在柜子里。丈夫因为心疼妻子，所以也并不催她。后来，婆婆看到那些毛线，告诉儿媳不如自己替她织吧，可是儿媳却表示一定要自己亲手织给孩子。只不过她现在又改变了主意，想等孩子生下来之后再织，她还说："如果是女孩子，我就织一件漂亮的毛裙，如果是男孩就织毛衣毛裤，上面一定要有漂亮的卡通图案。"

孩子生下来了，是个漂亮的男孩。在初为人母的忙忙碌碌中孩子一天一天地长大。

很快孩子就一岁了，可是他的毛衣毛裤还没有开始织。后来，这位年轻的母亲发现，当初买的毛线已经不够给孩子织一身衣服了，于是打算只给他织一件毛衣，不过打算归打算，动手的日子却被一拖再拖。

当孩子两岁时，毛衣还没有织。

当孩子三岁时，母亲想，也许那团毛线只够给孩子织一件毛背心了，可是毛背心始终没有织成。

渐渐地，这位母亲已经想不起来这些毛线了。

孩子开始上小学了，一天孩子在翻找东西时，发现了这些毛线。孩子说真好看，可惜毛线被虫子蛀蚀了，便问妈妈这些毛线是干什么用的。此时妈妈才又想起自己曾经憧憬的、漂亮的、带有卡通图案的花毛衣。

（佚名）

快乐的真谛

要活得快乐，就必须先改变自己的态度。

在日常的生活中，我们往往见到有人乐观，有人悲观。为何会这样？其实，外在的世界并没有什么不同，只是个人内在的处世态度不同罢了。

最能说明这个问题的，是我在一家卖甜甜圈的商店面前见到的一块招牌，上面写着："乐观者和悲观者之间的差别十分微妙：乐观者看到的是甜甜圈，而悲观者看到的则是甜甜圈中间的小空洞。"这个短短的幽默句子，透露了快乐的本质。事实上，人们眼睛见到的，往往并非事物的全貌，只看见自己想寻求的东西。乐观者和悲观者各自寻求的东西不同，因而对同样的事物，就采取了两种不同的态度。

有一天，我站在一间珠宝店的柜台前，把一个放着几本书的包裹放在旁边。当一个衣着讲究、仪表堂堂的男子进来，也开始在柜台前看珠宝时，我礼貌地将我的包裹移开。但这个人却愤怒地看着我，他说，他是个正直的人，绝对无意偷我的包裹。他觉得受到侮辱，重重地将门关上，走出了珠宝店。我感到十分惊讶，这样一个无心的动作，竟会引起他如此的愤怒。

后来，我领悟到，这个人和我仿佛生活在两个不同的世界，但事实上世界是一样的，所差别的是我和他对事物的看法相反而已。

几天后一个早晨，我一醒来便心情不佳，想到这一天又要在单调的例行工作中度过时，便觉得这个世界是多么枯燥、乏味。当我挤在密密麻麻的车阵中，缓慢地向市中心前进时，我满腔怨气地想：为什么有那么多笨蛋也能拿到驾驶执照？他们开车不是太快就是太慢，根本没有资格在高峰时间开车，这些人的驾驶执照都该被吊销。后来，我和一辆大型卡车同时到达一个交叉路口，我心想："这家伙开的是大车，他一定会直冲过去的。"但就在这时，卡车司机将头伸出车窗外，向我招招手，给我一个开朗、愉快的微笑。当我将车子驶离交叉路口时，我的愤怒突然完全消失，心胸豁然开朗起来。

这位卡车司机的行为，使我仿佛置身于另一个世界。但事实上，这个世界依旧，所不同的只是我们的态度。

每个人在生活中都会有类似的小插曲，这些小插曲正是我们追求快乐的最佳方法。

要活得快乐，就必须先改变自己的态度。我想，这就是快乐的真谛吧！

（佚名）

花生的秘密

"虽屡遭挫折，却有一颗坚强的百折不挠的心，这就是成功的一大秘密啊！

有一个年轻人渴望自己能够成功，但是在他短短的人生旅途中已经遭受了接二连三的打击和挫折。他处于崩溃的边缘，几乎就要绝望了。苦闷的他仍然心有不甘，在彷徨和迷茫中，去请教一位智者。

见到智者后，他很恭敬地问："我一心想有所成就，可总是失败，遇到挫折。请问，我怎样才能成功呢？"

智者笑笑，转身拿出一个东西递给年轻人，他吃惊地发现躺在自己手心的竟然是一颗花生。

智者问道："你有没有觉得它有什么特别之处呢？"

年轻人凑上前去仔细地观看了一番，但是仍然没有发现它和别的花生有什么差别。

"请你用力捏捏它。"智者见年轻人没有说话，接着说。年轻人伸出手用力一捏，花生壳被他捏碎了，只有红色的花生仁留在了手中。

"请你再搓搓它，看看会发生什么事。"智者又说，脸上带着微笑。

年轻人虽然不解，但还是照着他的话做了，就在他轻轻地一捻之中，花生红色的种皮也脱落了，只留下白白的果实。

年轻人看着手中的花生，不知智者是何意味。"再用手捏它。"智者又说。

年轻人用力一捏，但是他感觉到他的手指根本就无法将它毁坏。

"用手搓搓看。"智者说。

年轻人又照做了，当然，什么也没搓下来。

"虽屡遭挫折，却有一颗坚强的百折不挠的心，这就是成功的一大秘密啊！"智者说。

年轻人蓦然顿悟，自己遭遇过几次挫折就要崩溃绝望了，这样脆弱的心理又怎么能够成功呢？从智者那里出来，他又挺起了胸膛，向前方迈开了脚步。

（佚名）

用心去听

如果你要成为优秀的谈话家，请记住：首先学会做一个好的听众。

美国汽车推销之王乔·吉拉德曾有一次深刻的体验。

一次，某位名人来向他买车，他推荐了一款最好的车型给他。那人对车很满意，并掏出1万美元现钞，眼看就要成交了，对方却突然变卦而去。

乔为此事懊恼了一下午，百思不得其解。到了晚上11点他忍不住打电话给那人："您好！我是乔·吉拉德，今天下午我曾经向您介绍一部新车，眼看您就要买下，却突然走了，为什么呢？"

"喂，你知道现在是什么时候吗？"

"非常抱歉，我知道现在已经是晚上11点钟了，但是我检讨了一下午，实在想不出自己错在哪里了，因此特地打电话向您讨教。"

"真的吗？"

"肺腑之言。"

"很好！你用心在听我说话吗？"

"非常用心。"

"可是今天下午你根本没有用心听我说话。就在签字之前，我提到我的吉米即将进入密执安大学念医科，我还提到他的学科成绩、运动能力以及他将来的抱负，我以他为荣，但是你毫无反应。"

乔不记得对方曾说过这些事，因为他当时根本没有注意。乔认为已经谈妥那笔生意了，他不但无心听对方说什么，反而在听办公室内另一位推销员讲笑话。这就是乔失败的原因：那人除了买车，更需要得到对于一个优秀儿子的称赞。

（佚名）

语言的威力

你说出的话有时就像一块石头，砸到人家身上，会使人受伤；有时，它又像春日里的和风，轻拂而过，让你倍感舒心。

在一次讲演中，一位著名演说家向一群青年学生提出忠告：要注意自己说话时的一言一词，因为语言具有无穷的力量。

这时，一位听众举手表达他的不同意见："当我说幸福、幸福、幸福时，我并不觉得有什么快乐；当我说不幸、不幸、不幸时，我也不会因此而倒霉。所以，我认为语言只是我们使用的一种很普通的工具，并没有所谓的无穷的……"

"笨蛋一个！你根本就没有理解我话里的意思。"这位演说家没等他说完，就在台上对他大声呵斥。

这位听众顿时目瞪口呆，继而怒形于色，愤然起身反击："你才是……"

但是演说家手一挥，没让他继续说下去："对不起，我刚才并不是有意伤害你的，希望你接受我最真诚的道歉。"

这位听众的怒气此刻才渐渐平息。出现这一插曲，在场的所有听众都纷纷议论开来。而演说家则微笑着继续他的讲演："看到了吧，刚才我只不过说了那几个词，这位听众就要跟我拼命；后来，我又说了几个词，他的怒气就消了。所以，千万要记着'你说出的话有时就像一块石头，砸到人家身上，会使人受伤；有时，它又像春日里的和风，轻拂而过，让你倍感舒心。'这就是语言的威力啊。"

（佚名）

怀有成为珍珠的信念

在成长的道路上，我们应当始终坚信，只要朝着自己的目标不断向前，肯定会有好的结果。

很久很久以前，有一个养蚌人，他想培养一颗世上最大最美的珍珠。

他去海边沙滩上挑选沙粒，并且一颗一颗地问那些沙粒，愿不愿意变成珍珠。那些沙粒一颗一颗都摇头说不愿意。养蚌人从清晨问到黄昏，他都快要绝望了。

就在这时，有一颗沙粒答应了他。

旁边的沙粒都嘲笑起那颗沙粒，说它太傻，去蚌壳里住，远离亲人、朋友，见不到阳光、雨露、明月、清风，甚至还缺少空气，只能与黑暗、潮湿、寒冷、孤寂为伍，不值得。

可那颗沙粒还是无怨无悔地随着养蚌人去了。

斗转星移，几年过去了，那颗沙粒已长成了一颗晶莹剔透、价值连城的珍珠，而曾经嘲笑它傻的那些伙伴们，却依然只是一堆沙粒，有的已风化成土。

也许你只是众多沙粒中最最平凡的一颗，但如果你有要成为一颗珍珠的信念，并且忍耐着、坚持着，当走过黑暗与苦难的长长隧道之后，你或许会惊讶地发现，平凡如沙粒的你，在不知不觉中，已长成了一颗珍珠。每颗珍珠都是由沙子磨砺出来的，能够成为珍珠的沙粒都有着成为珍珠的坚定信念，并无怨无悔。沙粒之所以能成为珍珠，只是因为它有成为珍珠的信念。芸芸众生中，我们原本只是一粒粒平凡的沙子，但只要怀有成为珍珠的信念，你终会长成一颗珍珠的。

（佚名）

把石块放在第一位

先做重要的事，才会使你最大限度上地接近成功。

一位时间管理教师正在给自己的学生们上课。

"同学们，今天我们来做一个小实验。"老师没有拿教案，只是把一个大大的透明的玻璃瓶放在了讲桌上。

"什么实验?"同学们都好奇地盯着那个玻璃瓶，不知道老师在卖弄什么玄机。老师没有过多的解释，只是从书桌里拿出一堆拳头大的石块，然后一块块放进那个大大的玻璃瓶里。很快瓶子就装满了。

"你们看，这个瓶子满了没有? 是不是再也装不下了?"老师看着自己的学生问道。

"满了。"所有的学生异口同声。老师没说什么，只是又从书桌里拿出了一桶碎石，

然后一点一点地放进了玻璃瓶。很快，碎石都落在了大石头的缝隙里，水却一点都没有溢出来。"现在，玻璃瓶里是不是真的满了?"老师再次发问。

"应该没满吧。"一个学生小声谨慎地回答。

老师微笑着点了点头，又从书桌里拿出一杯细沙，缓缓地倒进玻璃瓶。很快，这些细沙填上了碎石之间的空隙,半分钟后,玻璃瓶的表面已经看不到石头了。

"现在，这个瓶子满了吗?"老师又问。

"还没有吧。"学生们有些怀疑地回答道。

"的确还没有。"老师微笑着说，然后又拿出了一杯水，朝玻璃瓶倒了进去，水渗下去了，并没有溢出来。望着这个被装得满满的玻璃瓶，学生们发出了一阵唏嘘声。

"你们认为，我做这个实验的目的是什么？"老师抬起头来问道。

"您想告诉我们，时间是可以挤出来的！"一个学生大声回答。

"对，但这只是一个方面。"老师点了点头。

"您是不是想说，时间不是随便用的？"另一个学生小声地说道。

"答对了！"老师微笑着点头，"你们想想，如果你们先把碎石、沙子和水放进玻璃瓶里，那么就再也没有机会把石块放进去了。只有先放进去石块，玻璃瓶里才会有很多意想不到的空间来装剩下的东西。"

老师环顾了一下教室里的学生们，又继续说道："大石块就是我们生命中重要的事，而碎石、沙子和水则是生命中的琐事。我们在生活中，一定要分清重要的事和不重要的事，如果你任由不重要的事占满你的时间，那么那些对你真正重要的事就没有机会去做了。所以，你们一定要将时间花在重要的事情上，永远把石块放在第一位。"

（佚名）

万能钥匙

在面对共同的问题时能够并肩作战，一起寻找解决问题的方法。这就是团队协作的力量。

一栋宿舍楼的第五层住着 20 多个男生。这些男生很爱睡懒觉，常常要拖到快上课才匆忙起床洗脸刷牙，然后拎起书包向教室飞奔。等下课回来一摸口袋，坏了，没带钥匙。

于是，男生只好等在门口，等其他人回来开门。结果，总有那么几次，整个宿舍 4 个人，所有人都忘记了带钥匙。没有办法，他们只能找来宿舍管理员，请求管理员用备用的钥匙帮忙打开房门。

第五层一共有六个宿舍，一个月内他们为此至少得找管理员七八次。终于，管理员厌烦了，他定了个规矩：每个宿舍每学期来找他要钥匙的次数不得超过三次。超过三次，就自己找工具把锁撬开，然后再掏钱买把新的。可是，男生们仍旧改不了忘带钥匙的坏习惯。很快，那三次的期限就用光了。

为了改变现状，男生们开动脑筋，终于想到了一个好办法。

每个宿舍都另外配了一把新的钥匙，然后存放到下一个宿舍中。501 宿舍的备用钥匙存放到 502 宿舍；502 宿舍的备用钥匙存放到 503 宿舍，以此类推，最后把 506 宿舍的钥匙存放到 501 宿舍。假设，这些男生忘记带钥匙的概率是 50%，理论上当然也会有 24 个学生都不带钥匙的情况。但是由概率论可以算出，这个概率应该是 1/16777216，接近于零。

事实证明这个方法是十分奏效的，男生们再也没有找过管理员。因为 24 个人中只要有一个人带了钥匙，就可以打开所有的宿舍门。

（佚名）

生命需要赞美

每一个生命都值得赞美，因为赞美可以创造奇迹。

有些人看起来很愚钝，很不起眼，但我们不要忘记，凡是有生命的东西都应该得到赞美。在赞美他人的同时，你一样会得到快乐。

艾迪是个性格孤僻，不求上进，不讨人喜欢的小男孩。他总是穿着脏兮兮、皱巴巴的衣服，头发从来都不梳理，一张脸上毫无表情，两只眼睛也像玻璃球似的，呆滞无光。他的眼神总也不能集中。上课的时候总是分神。每次当他的老师珍妮小姐和他说话时，他总是用最简单的两个词"是"或者"不是"来回答。

虽然，老师们常说他们对待自己的每一个学生都是一视同仁，都给予了相同的爱。但是，就连珍妮小姐都觉得艾迪是个不讨人喜欢的小男孩，而对他缺少关心。

圣诞节的时候，珍妮小姐收到了许多礼物，其中就有艾迪送的，那是一个用褐色印着花纹的包装纸包起来的盒子。盒子外面的缎带上写着："送给珍妮小姐"。

当珍妮小姐打开盒子的时候，有两件东西从里面掉了出来，那是一对普通的手镯，另外一件是瓶廉价的香水。

其他同学见状，不禁议论纷纷，他们嘲笑艾迪送如此可笑的礼物给美丽的珍妮小姐，但是，珍妮小姐马上戴上了这对手镯，并洒了一些香水在手腕上。然后，她伸出手臂让学生们闻了闻，并问："怎么样？这香水是不是很好闻，很香啊？"

刚才的嘲笑声没有了。这时珍妮小姐注意到，艾迪脸上露出一丝难得一见的微笑。

那天放学以后，大家都走了，只剩下艾迪。他缓慢地走到珍妮小姐身旁，轻声说："珍妮小姐，我妈妈的手镯戴在您的手上真的很漂亮。我很高兴您能喜欢我送的礼物。"

看着艾迪渐渐走远的背影，珍妮小姐感到眼眶忽然有些湿润了，她为自己以前对艾迪的做法感到非常内疚。

圣诞节之后的珍妮小姐简直就像是换了一个人，像一个美丽的天使。她帮助所有的孩子，特别是那些愚钝的学生，尤其是艾迪。

终于，在那一学期结束的时候，艾迪的学习成绩赶上了大多数同学，甚至还超过了一些人。

是的，生命以其独特的方式存在于世间，以其独一无二的本色让世界变得丰富多彩，因此每一个生命都是需要赞美的，就像花儿需要露水那样，它只会让世界变得更加美丽。

（佚名）

爱德华·里格的承诺

　　年轻人要想树立一个良好形象，成就一番事业，要记住，不论大事小事，都要遵守承诺。

　　挪威音乐家爱德华·里格年轻的时候，有一次来到乡间的森林里散步，正巧遇到了八岁小姑娘达格妮。达格妮是守林人的女儿，她挎着小篮子，正在采集鲜花和野果。他们很快认识了，并且成了好朋友。

　　与小姑娘分手时，格里格抱歉地向小姑娘说："我现在没有礼物可以送给你，但是我答应要送给你一件礼物。这将是一件很好的礼物，要等到 10 年以后才能送给你。"

　　小姑娘达格妮听得迷惑不解。

　　10 年过去了，达格妮已经是 18 岁的少女，亭亭玉立。这一天，这个美丽的女孩第一次离开了自己的家乡，来到了祖国的首都奥斯陆，走进一个公园里，这里正在举办露天音乐会。她从音乐的美妙旋律里，仿佛听到了故乡如梦如幻的大森林，她从草地上站起来，仔细倾听。报幕员向观众报告："下一个节目，是我们的音乐大师爱德华·里格最得意作品——《献给守林人哈格勒普·彼得逊的女儿达格妮·彼得逊，当她年满 18 岁的时候》。"

　　10 年过去了，爱德华·里格并没有因为对方是守林人的女儿，而忘记了自己的承诺。达格妮激动的全身沸腾了，她回忆起了那个在 10 年前，在她的故乡森林里散步的青年。他承诺的那件最好的礼物，竟是这首注定会传遍整个挪威的音乐。

　　　　　　　　　　　　　　　　　　　　　　　　　　　　（佚名）

可是我知道

　　真正的勇者，应该是敢于面对自己良心拷问的人，这样的人才值得我们去敬佩。

　　有一个远近闻名的名医，他救治了很多的病人，许多人都慕名而来找他看病。

　　这一次，他是为一位女病人做手术，根据诊断，女病人的子宫里长了肿瘤。可就在他下刀后不久，豆大的汗珠就冒了出来：他误诊了，子宫里长的不是肿瘤，竟是个胎儿！

　　名医此刻的心理斗争异常激烈，他陷入了痛苦的挣扎：要么假装糊涂，继续下刀，把胎儿拿掉，然后告诉病人，摘除的是肿瘤；要么正视自己的错误，立刻把肚子缝上，然后告诉病人，自己看走了眼。

　　几秒钟的内心挣扎，名医已经浑身被汗水湿透。

　　半个小时后，他从手术室回到办公室，静待病人的苏醒。

　　"对不起，"他站在女病人的床前说，"太太，请你原谅，是我看走了眼，你只是怀孕，并没有长肿瘤。所幸及时发现，孩子安好，你一定能生下一个可爱的小宝宝！"

　　病人和家属都听呆了，一时间大家都不敢相信自己的耳朵。过了一会儿，病人的家属如梦初醒，一下子就冲了上去，揪住名医的领子吼道："你这个庸医，什么东西！"

　　事后，医生的一位朋友觉得很不解，认为他的这一举动极其不智："为什么当时不将错就错？说它是个肿瘤，又有谁知道！"

　　名医淡淡一笑，道："可是我知道！"

　　　　　　　　　　　　　　　　　　　　　　　　　　（佚名）

最好的礼物

做了错事只要敢于承认就是一个高尚、正直的人。

　　乔治·爱伦从爸爸那里收到了他的新年礼物,那是一枚闪亮的银币。这正是他需要的,因为他有许多东西要买,他的愿望就要实现了,他心里是多么高兴呀。

　　刚刚下过了一场雪,地上的雪还没有融化,阳光轻柔地照在地上,所有的东西都变得明亮了。于是乔治拿着他的银币上街去了。

　　刚出家门,乔治就被伙伴们拉着打雪仗去了。这是冬天小伙伴们最喜欢的一项活动了。

　　乔治揉了一个很大很硬的雪球使劲儿向杰克掷去,但是狡猾的杰克躲过了雪球,雪球飞向了街道另一边上的窗户。只听"啪"的一声,玻璃落了下来。

　　乔治因为害怕,就飞快地跑开了。但是没跑多远就停了下来,他为自己所做的坏事受到了良心的谴责。他知道,逃避责任不应当是一个男子汉所做的事。他决定回去,用自己那唯一的银币来补偿打碎的玻璃。

　　他按动了门铃,从屋子里出来一位先生。

　　乔治说:"先生,是我把您家玻璃打碎的,我非常抱歉,但我并不是故意的,希望您能原谅我。"说着,他把自己那仅有的一枚银币拿了出来,然后把它递给那位先生说:"这是我父亲给我的新年礼物,希望它能够赔偿您的损失。"

　　这位先生接过了钱说:"你还有钱吗?"

　　乔治说:"没有了。"

　　"好,"那位先生说,"你会有更多钱的。不过你能告诉我你家的住址吗?"乔治告诉了他。

　　回家后,当父亲问及他是怎么花那个银币的时候,乔治把白天发生的事情如实地告诉了父亲。

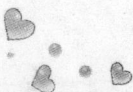

吃完晚饭，父亲让乔治去看他的帽子，乔治在他的帽子里发现了两枚银币。

原来那位先生是一名非常富有的商人，他不仅把乔治的那枚银币退了回来，还另外送给他一枚银币。

这件事情并没有结束。没过几天，那位先生又来找乔治的父亲，希望能得到他的允许，因为他的店需要一个帮手，他认为乔治是最好的人选。

（佚名）

比别人更努力

成功永远不在于一个人知道了多少，而在于他努力了多少。

美国《商业周刊》的记者采访某名企业家："你成功的首要秘诀是什么？"

"比别人更努力！"

"其次呢？"

"比别人更努力！"

"最后呢？"

"比别人更努力！"

由此，你也得到成功的答案了吧——比别人更努力！

努力是成功的捷径之一，而且是成功必须付出的代价。你要想成功，要想做得更好更出色，那么你就必须比别人付出更多，更努力，否则，成功不一定属于你。

有些人总是很羡慕他人突然像彗星一样闪亮，却忽视了他人在能够发光之前所下的工夫，所忍受的寂寞，所挨过的苦难。这些人之所以能跑得快一些，是因为他所付出的努力比别人更多。

有一位教授曾讲起过他的经历："在我多年的教学实践中，发觉有许多

在校时资质平凡的学生，他们的成绩大多在中等或中等偏下，没有特殊的天分，有的只是安分守己的诚实性格。这些孩子走上社会参加工作，不爱出风头，默默地奉献。他们平凡无奇，毕业分手后，老师同学都不太记得他们的名字和长相。但毕业几年、十几年后，他们却带着成功的事业来看老师，而那些原来看来有美好前程的孩子，却一事无成。这是怎么回事？"

老教授常与同事一起琢磨，最后得出一个结论：成功与在校成绩并没有什么必然的联系，但和踏实的性格密切相关。平凡的人比较务实，比较能自律，比别人更努力，所以许多机会落在这种人身上。平凡的人如果加上勤能补拙的特质，成功之门必会向他大方地敞开。

(佚名)

绝不抱怨球场

面对生命中的许多责任，我们不能孩子气地责怪不相干的人或事。

有一个少年棒球队的男孩在训练的时候，漏接了三个高飞球后，他甩掉手套走进休息区，说："在这种烂球场上没有人能接得住球。"

教练员听到了男孩的抱怨，他当时没有说什么话，只是让男孩随他一起走进了一间房子。这间房子被大家称为"黑房子"。在每个队员刚进入棒球队的第一天，教练员都再三叮嘱，没有他的同意任何人都不许随便走进那房间一步。

"今天教练员居然带自己走进了这间一直都神秘分分的黑房子"，跟在教练员身后的男孩一边走一边想其中的原因。当他们进入黑房子的那一刻，男孩忍不住四下打量起这间长期以来都让学员们感到神秘的房间。可是他的观察结果令自己感到有些失望，因为里面除了几排档案柜之外别无他物。这就是一间非常普通的档案室嘛！

　　教练员看到男孩脸上现出了不以为然的表情，他依然默不作声，只是从不同的档案柜里拿出一些档案一一摆放在男孩面前。

　　按照教练的示意，男孩打开档案开始看。当男孩打开其中的一份档案时，他看到这份档案的大部分内容都是由图片组成的，这正是当今全国最知名的棒球队员们的荣誉档案。图片上的那些棒球队员都是男孩一直以来崇拜的偶像，这些荣誉档案男孩早就有了充分的了解，"这有什么，这些我早就知道，他们都是我崇拜的偶像。"男孩说道。

　　教练员此时才开口说了第一句话："是吗？你认为自己对他们相当了解吗？"男孩听到教练员的话先是一愣，而后非常胸有成竹地说道："那当然，我一直都订购《棒球之星》（当地一类专门详细介绍全国知名棒球明星资料的杂志），我了解他们的最新情况。"

　　教练员又示意男孩放下这份档案，去拿旁边的另一份档案。这一份档案是这些棒球明星们平时训练的图片。对于这些图片，男孩显然不熟悉，因为他以前关注的都是这些明星们的比赛成绩。不过作为一名少年队的棒球队员，他对这样的训练场景实在是再熟悉不过，因为他每天也在进行着几乎同样的训练，所以也没有对此感到有多新奇。正当男孩打算合上这份档案再去看其他档案时，教练员制止了他，并且让他仔细看看这些图片。

　　小男孩感到几分不解，他问教练员："你是想让我通过他们的训练来学习高水平的技能吗？可是从他们与对手的比赛图像中观摩学习不是更有效吗？"

　　教练员回答："不，我并不是要让你从这里学习技能，你也可以看到他们进行的训练和你们没有多少区别，甚至他们当时的训练方式还不如你们现在先进，我让你看的是他们脚下的球场。"男孩看到，图片中那些知名球星们用来训练的球场和自己平时训练的球场几乎一模一样，"这也没有什么可奇怪的呀！他们训练的球场和我们现在的球场有什么不同之处吗？"男孩不知教练员葫芦里卖的什么药。

　　教练员回答："的确，这些球星们训练的球场和我们现在的球场几乎没有任何不同，可是他们之中从来没有一个人在漏接球之后抱怨过球场。"

（佚名）

人性的光辉

　　能够战胜自己的人，一定会攀得更高，走得更远，人生的价值就会得到更充分的体现。

　　1953年5月29日，一位攀登爱好者和他的向导历经千辛万苦终于来到了世界之巅的珠穆朗玛峰。这次成功登顶，是具有划时代意义的，因为在此之前，世界上没有人到过这样的高度。

　　马上就到成功的巅峰了。这个时候，世界之巅与他们只有短短的两米，只要其中一个人向前跨几步就可以成为这个世界的第一，而这几步，对他们任何一个人来说，都是易如反掌的。这时这位从千里之外的新西兰来的攀登者对向导说："这是你的家乡，你先上吧。"

　　向导是一个老实的夏尔巴人，叫丹增。他没有听清楚戴着氧气罩的这位攀登者朋友的话，只是从他的表情和恭让的手势中明白了他的意思。丹增向前走了几步，登上了世界之巅，他在那里留下了人类的第一个脚印——他是人类有史以来，第一次登上珠穆朗玛峰的。

　　攀登者随后跟上，他们在世界之巅紧紧拥抱，他们高呼着："我们成功了。"

　　攀登者名叫希拉里。身居都市的希拉里最大的理想甚至是活着的最大希望就是能够第一个登上顶峰，他知道最后这几步对于自己的意义。但他在巅峰前的几步，战胜了自己的欲望，而把这个机会让给了身居此地的夏尔巴人，他认为只有和珠峰朝夕相处的夏尔巴人才有资格第一个登上珠峰。

　　登顶的那一刻，希拉里人性中的光辉，比起冲顶的一瞬间，也许更加辉煌。

　　　　　　　　　　　　　　　　　　　　　　　　　　　（佚名）

选准合适的角色

社会是一座舞台，要想在这个舞台上当一名好演员，就必须根据自己的素质、才能、兴趣和环境条件，选择好适合自己的社会角色。

从前，一位陶工制作了一只精美的彩釉陶罐，他把这只精美的陶罐搬回家中放到了屋角的一块石头上。

陶罐认为主人把自己放错了地方，整天唉声叹气地抱怨说："我这么漂亮，这么精致，为什么不把我放到皇宫里作为收藏品呢？即使摆放到商店展出，也比待在这儿强啊！"

陶罐底下的石头听了忍不住劝它："这儿不是也挺好吗？我比你待的时间还久呢。"

陶罐听了讥讽石头说："你算什么东西？只不过是一块垫脚石罢了，你有我这么漂亮的图案么？和你在一起我真感到羞耻。"

石头争辩说："我确实不如你漂亮好看，我生来就是做垫脚石的，但在完成本职任务方面，我不见得比你差……"

"住嘴！"陶罐愤怒地说，"你怎么敢和我相提并论！你等着吧，要不了多久，我就会被送到皇宫成为收藏品……"它越说越激动，不提防摇晃了一下，"哗啦"掉在地上，摔成了一堆碎片。

一年一年过去了，世界发生了许多事情，一个又一个王朝覆灭了，陶工的房子早已倒塌了，石块和那堆陶罐碎片被遗落在荒凉的场地上。历史在它们的上面积满了渣滓和尘土，一个世纪连着一个世纪。

许多年以后的一天，人们来到这里，掘开厚厚的堆积，发现了那块石头。

人们把石块上的泥土刷掉，露出了晶莹的颜色。"啊，这块石头可是一

块价值连城的宝玉呢!"一个人惊讶地说。

"谢谢你们!"石块兴奋地说,"我的朋友陶罐碎片就在我的旁边,请你们把它也发掘出来吧,它一定闷得够受了。"

人们把陶罐碎片捡起来,翻来覆去查看了一番,说:"这只是一堆普通的陶罐碎片,一点价值也没有。"说完就把这些陶罐碎片扔进了垃圾堆。

社会是一座舞台,要想在这个舞台上当一名好演员,就必须根据自己的素质、才能、兴趣和环境条件,选择好适合自己的社会角色,只能演配角就不要去争当主角,适合当士兵就别奢望当将军。如果认不清自己,不满足于普通的角色,像故事中的陶罐那样,一心想成为皇宫的收藏品,把自己摆错了位置,到头来只会白费力气,一事无成。反之,一旦选准了适合的角色,走向成功也是顺理成章的事情。

(佚名)

第六辑　没有什么不可以改变

所以你看，世界上没有什么不可以改变，美好、快乐的事情会改变，痛苦、烦恼的事情也会改变，曾经以为不可改变的事，许多年后，你就会发现，其实很多事情都改变了。而改变最多的，竟是自己。不变的，只是小孩子美好天真的愿望罢了！

最终的答案

只有做真正有价值的事情，才能让你生命的内涵不断延展，保证你生命应有的长度。

他是一位退休老人，曾经担任过某著名跨国企业亚洲区的顾问。常常有年轻人慕名前去拜访他，虽然他已经年过六十，但精神矍铄，思维敏捷，他广博的知识和超前的思维常常让年轻人也自叹不如。

这一天，又有一小伙子慕名前去拜访他。他想请老人给他预测一下人生。

"你想预测哪一方面的呢？"老人问。

"很多人都说我的生命线很长，特别长寿，您觉得呢？"小伙子一边说，一边伸出了自己的手掌给老人看。

老人把小伙子的手掌拖在手心看了一下，没有摇头，也没有肯定。

"你知道构成人体组织的最小单位是什么吗？"老人突然改变了话题。

"是细胞吧？"小伙子有些疑惑地回答。

"不，是 DNA。目前已经破解的 DNA 组合已达两亿，按照 DNA 的组合推算，人的寿命应该是 1200 岁。"老人平静地说道。

"1200 岁？可现实生活中，没有人能够活到 1200 岁啊！"小伙子大吃一惊。

"这是因为生命有折损。我们说话、工作、吃饭、思考，所有的日常行为每时每刻都在消耗着 DNA。所以，我们无法活到 1200 岁。"

"假如，我们什么也不做，一点儿也不消耗 DNA，是不是就能活到 1200 岁了？"小伙子提出了自己的疑问。

"当然不能，因为我们不可能不消耗 DNA。人只要活着就必须吃饭、睡觉，否则我们还怎么维系生命？"老人缓缓地说道，"也就是说，为了维系生命至 100 岁，我们必须牺牲掉未来的 1100 岁。"

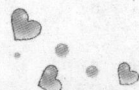

"这么说，是不是越勤奋的人，消耗的 DNA 就越多？"小伙子听到这里，更加疑惑了。

"理论上是如此。所以，科学家们取得成就是正常的，不过就是消耗的 DNA 比我们多而已。但如果这么推理，我们至少应该活到 200 岁才对，因为我们消耗的 DNA 比他们少。可是现实生活中，我们并没有他们长寿，甚至比他们活得更短。"老人继续侃侃而谈。

"为什么？"小伙子真是越听越糊涂了。

"因为我们和他们消耗了同样多的 DNA，甚至消耗得更多。只是，我们并没有把 DNA 投入到有意义的事情上去，而是耗费在一些无用的事情中。我们的生命就这样被悄悄缩短了。"老人道出了最终的答案。

听到这里，小伙子终于明白了老人讲这一番话的用意。

（佚名）

新生活从选定方向开始

　　　人生没有目标就没有方向。当我们有了明确的目标，朝着正确的方向行进，人生便会充满了激情！

　　西撒哈拉沙漠中有一个很有名的地方：比赛尔。每年有数以万计的旅游者来到这个地方。它是整个撒哈拉沙漠的一颗耀眼璀璨的明珠，可是在肯·莱文发现它之前，这里虽然景色迷人，但还是一个封闭而落后的地方。而且，这里从来没有一个人走出大漠过。据说不是他们不愿离开这块贫瘠的土地，而是他们尝试过无数次要走出去，才发现想走出去对他们来说无异于天方夜谭。

　　肯·莱文不算很艰难地走出了大漠。所以他对这里世世代代的人都无法走

出大漠的说法，根本就不相信。他用手语向这儿的人问原因，结果每个人的回答都一样：从这儿无论向哪个方向走，最后都还是转回出发的地方。为了证实这种说法，他按照比赛尔人的指向，从比塞尔村向北走，结果三天半就走了出来。

这并不是很难，可比塞尔人为什么一直走不出来呢？肯·莱文非常纳闷，最后他只得雇一个比塞尔人，让他带路，看看到底是为什么？他们带了半个月的水，牵了两峰骆驼，肯·莱文收起指南针等现代设备，只挂一根木棍跟在后面。

走了整整十天，走了大约1300千米的路程，走得差点迷失了方向。在第十一天的早晨，他们果然又回到了比塞尔。

肯·莱文终于明白了，比塞尔人之所以走不出大漠，是因为他们不知道怎么去识别方向，他们根本就不认识北斗星。

他们在一望无际的沙漠里行走的时候，都是凭着感觉往前走，这样就走出了许多大小不一的圆圈，最后的足迹十有八九是一把卷尺的形状。比塞尔村处在浩瀚的沙漠中间，方圆上千公里没有一点参照物，若不认识北斗星又没有指南针，想走出沙漠，确实是不可能的。

肯·莱文在离开比塞尔时，带了上次和他合作的人。他告诉这位青年，只要你白天休息，夜晚朝着北面那颗星走，就能走出沙漠。这位青年照着去做，三天之后果然走出了沙漠。

这名青年叫阿古特尔，他是比赛尔第一个走出大漠的人，因此被视为比塞尔的开拓者，他的铜像被竖在小城的中央，铜像的底座上刻着一行字：新生活是从选定方向开始的。

（佚名）

怎样除掉杂草

要想让灵魂无纷扰，唯一的方法就是用美德去占据它。

一位哲学家带着一群学生去漫游世界，10 年间，他们游历了所有的国家，拜访了所有有学问的人。现在他们回来了，个个满腹经纶。

在进城之前，哲学家在郊外的一片草地上坐了下来，说："10 年游历，你们都已是饱学之士，现在学业就要结束了，我们上最后的一课吧！"弟子们围着哲学家坐了下来。

哲学家问："现在我们坐在什么地方？"

弟子们答："现在我们坐在旷野里。"

哲学家又问："旷野里长着什么？"

弟子们说："杂草。"

哲学家说："对，旷野里长满杂草。现在我想知道的是如何除掉这些杂草。"

弟子们非常惊愕，他们都没有想到，一直在探讨人生奥妙的哲学家，最后一课问的竟是这么简单的一个问题。

一个弟子首先开口，说："老师，只要有铲子就够了。"

哲学家点点头。

另一个弟子接着说："用火烧也是很好的一种办法。"

哲学家微笑了一下，示意下一位。

第三个弟子说："撒上石灰就会除掉所有的杂草。"接着讲的是第四个弟子，他说："斩草除根，只要把根挖出来就行了。"

等弟子们都讲完了，哲学家站了起来，说："课就上到这里了，你们回去后，按照各自的方法去除掉杂草。一年后，再来相聚。"

一年后，他们都来了，不过原来相聚的地方已不再是杂草丛生，它变成了一片长满谷子的庄稼地。弟子们围着谷地坐下，等待哲学家的到来，可是哲学家始终没有来。

若干年后，哲学家去世了。弟子们在整理他的言论时，在最后补了一章：要想除掉旷野里的杂草，方法只有一种，那就是在上面种上庄稼。同样，要想让灵魂无纷扰，唯一的方法就是用美德去占据它。

试想那些学生们的人生如果缺了这最后一课，即使学富五车又有多少意义。

（佚名）

现在就做

如果你知道必须这样做，就不要迟疑。

在我为成人上的一堂课上，我做了一件"不可原谅的事"。我给全班出家庭作业！作业内容是"在下周以前去找你爱的人，告诉他们你爱他。那些人必须是你从没说过这句话的人，或者是很久没听到你说这些话的人"。

这个作业听来并不刁难。但你得明白，这群人中大部分超过 35 岁，他们在被教导"表露情感是不对的"那个年代成长，不能表现情感或哭泣（这是绝对禁止的！）。所以对某些人而言，这真是一个令人震惊的家庭作业。

在我们下下堂课程开始之前，我问他们，是否有人愿意把他们对别人说他们爱他而发生的事分享给大家。我非常希望有个女人先当志愿者，就跟往常一样。但这个晚上有个男人举起了手，他看来深受感动而且有些害怕。

当他从椅子上站起来后，他开始说话了："丹尼斯，上星期你给我们这个家庭作业时，我对你非常生气。我并不感觉有什么人要我对他说这些话。还有，你是什么人，竟敢教我去做这种私人的事？但当我开车回家时，我的意识开始对我说话。它告诉我，我确实知道我必须向谁说'我爱你'。你知道，5 年前父亲和我的关系开始恶化，从那时起这事就没有真正解决。我们彼此避免遇见对方，除非在圣诞节或其他家庭聚会中非见面不可。尽管如此，我们还是几乎从不交谈。所以，上星期二我回到家时，我告诉我自己，我要告诉父亲我爱他。

"说来很怪，做这决定时我胸口上的重量似乎就减轻了。

"我一回到家，就冲进房子里告诉我太太我要做的事。那时候她已经睡着了，但我还是吵醒了她。当我这样告诉她时，她忽然跳起来抱紧我。打从我们结婚以来，这是她第一次看到我哭。我们聊天、喝咖啡到半夜，感觉真棒！

"第二天，我一大早就精神奕奕地起床了。我太兴奋了，所以这一夜我几乎没睡。我很早就到办公室，两小时内做的事比从前一天做的还要多。

"9 点时我打电话给我爸，问他我下班后是否可以回去。他听电话时，我只是说：'爸，今天我可以过去吗？有些事我想告诉你。'我父亲以暴躁的声音回答：'现在又有什么事？'我跟他保证，不会花很长的时间，最后他终于同意了。

"5 点半，我到了父母家，按门铃，祈祷我爸会出来开门。我怕是我妈来应门，而我会因此懦弱，就会决定干脆让她代替算了。但幸运的是，我爸来开门了。

"我没有浪费一丁点的时间——我踏进门就说：'爸，我只是来告诉你，我爱你。'

"我父亲似乎变了一个人。在我面前，他的脸庞变柔和了，皱纹消失了，他开始哭了。他伸手拥抱我说：'我也爱你，儿子，而我竟没能对你这么说。'

"这一刻如此珍贵，我一点也不想移动。我妈满眼泪水地走过来。我弯下身子给她一个吻。爸和我又拥抱了一会儿，然后我离开了。长久以

来我很少感觉这么好过。但这不是我的重点。两天后，我那从没告诉过我他有心脏病的爸爸，忽然发病，在医院里结束了他的一生。我并不知道他会如此。

"所以我要告诉全班的是：如果你知道必须这样做，就不要迟疑。如果我迟疑着没有告诉我爸，我可能就没有机会！把时间拿来做你该做的，现在就做！"

（佚名）

卢拉的秘密

办法就像海绵里的水，只要肯想，总是有的。

2002 年 10 月 27 日，卢拉当选为巴西第四十任总统。卢拉是劳工党候选人，工人出身，只读过 5 年小学。

很多人对此都十分惊奇，不明白为什么一个只有小学文化的人会当选为总统。为此，许多传记作家都想对他进行采访，但卢拉却一一表示拒绝。

最终，卢拉总统的一次视察为人们揭开了他成功的秘密。

那次，卢拉总统前往一个名叫卡巴的小镇视察，镇上的小学请他带领学生上一节课。卢拉的时间很紧迫，但当他得知那个邀请他的班级有一位盲童时，便欣然同意了。

早读课上，卢拉总统领读一篇题为《我的第一任老师》的课文。

"总统，您的第一任老师是谁？"卢拉读完课文后，那位盲童怯怯地问道。

"我的老师？"卢拉重复了一下问题，随即思考了一会儿，"我的第一任老师是我的邻居博尔巴先生。""邻居？"孩子们听了这个答案，觉得有些不可思议。

卢拉见状，便微笑着讲述起自己的那段亲身经历。

　　那时候，卢拉还是小孩子。一天他放学回家，在准备开门时，突然发现钥匙不见了：当时卢拉的父母外出，要等到周末才能回来。卢拉很焦急，连忙返回学校去找钥匙，结果一无所获。

　　怎么办呢？卢拉突然想到了一个主意。他找来一枚别针，想钩开那把锁，可弄了很久都没有弄开。于是，卢拉又转到房子的后面，想从窗子爬进去。可是窗子是从里面关死的，不砸坏玻璃就无法进去。

　　怎么办？无奈之下，卢拉只得爬上了房顶，打算从天窗里跳进去。这样是很危险的，但是卢拉认为这已经是唯一可行的办法了。

　　就在这时，卢拉的邻居博尔巴先生看到了他。

　　"孩子，你想干什么？"

　　"我的钥匙丢了，我想从这里跳进屋子。"卢拉站在房顶大声回答道。

　　"你就不能想点儿别的办法吗？"博尔巴先生微笑着说道，"从天窗里跳可不是个好办法。"

　　"可我已经想尽了所有的办法啊！"卢拉摊开手表示无奈。"不，你没有想尽所有的办法，至少你没有请求我的帮助。"博尔巴先生说着，就从口袋里掏出钥匙，把门打开了。原来，卢拉的妈妈在博尔巴先生家留了一把钥匙。

　　"所以，我一直认为我的第一任老师是博尔巴先生。"卢拉总统微笑着对孩子们说道。

　　孩子们似懂非懂地点了点头。

　　卢拉总统的这个故事就此传开，而人们也终于明白了他最终能够成功当选总统的秘密所在。

（佚名）

相思露

老人望着艾伦下楼的背影，缓缓地而又意味深长地说，"我们一定还会再见的……一定会的。

艾伦·奥斯坦沿着那在黑暗中嘎吱作响的楼梯上了楼，按照被告知的地址推开了一扇半掩着的门。

一个老年男子正坐在安乐椅上看报。发现艾伦走进来，便微笑着朝他点了点头。

"听说你出售一种特殊的药水？"艾伦问道。

"小伙子，"老人笑着从安乐椅中站起身，"我从来不卖牙痛药水之类的东西，我经销的东西总是独一无二的。"

"这么说……"

"看这个"，老人打艾伦的话，"这种药水无色无味，就像水一样。把它放在咖啡、牛奶或其他任何饮料中都不会被察觉。目前的解剖技术也无从鉴别。"

"这是一种毒药？"艾伦惊骇地问。

"不是的。"老人平静地回答，"你可以叫它'爱情清淡剂'。就像喝烈性酒之后需要点儿清淡饮料，那些无时无刻不在被恋人痴狂爱着的人，迟早有一天也会感到无法容忍而不惜代价地寻求解脱。所以，这种药卖得特别贵，每瓶 5000 美元，一分也不能少。"

"噢！我需要的不是什么清淡剂。"艾伦大声说道，"你的东西该不会都这么贵吧？"

"当然不。"老人说，"就拿'相思露'来说吧，它的价钱就很公道。那些出得起 5000 块钱的人是不会需要这种药的。只有当一个人对无休止的爱感到厌倦时，他才会倾囊相求而毫不吝惜。所以，不同的药，价钱也大不相同

……"

艾伦着实有点糊涂了。但他还是十分感兴趣地问："你真的有'相思露'吗？"

"当然。"老人说着又取出一个小瓶，"如果我不能满足你，就不会和你推心置腹地谈。"

"那些……呃……相思露的效果……"

"噢，它的效果是永恒而持久的，而不只是一时的作用。它可以把冷漠变成忠贞，将蔑视化为爱慕。"老人打开瓶盖，"你只需将一小滴放入年轻女士的汤、鸡尾酒或饮料中，她就会彻底地改变——无论她是多么矜持与放荡。那时，她将与你终生厮守。"

"真的？"艾伦惊喜地问，"可她总是热衷于各种宴会。"

"她会把这一切抛到九霄云外。"老人说，"因为她害怕你会遇到别的漂亮姑娘。"

"她真的会感到嫉妒？"艾伦欣喜若狂地问，"为了我？"

"的确如此。你将成为她的一切。"

"她已经是我心目中的一切，但她却根本就不把我当回事。"艾伦沮丧地说。

"会改变的。"老人说，"当她喝下'相思露'后，便会把你看得高于一切，难以割舍。"

"太棒了！"艾伦叫道。

"她会渴望了解你的一切。她关心你做的每一件事，说的每一句话，与你同悲同喜，形影不离。"

"黛安娜真会那样待我？真是难以置信！"

"人的想象往往是有限的，"老人继续说道，"还有，也许有朝一日——或早或晚——你会偶有行为不端。但不必害怕她会离你而去。她将最终原谅你，尽管她被深深地伤害……"

"这真是太奇妙了！"艾伦兴奋地说，"这种药水卖多少钱？"

"廉价得很。你只需花一美元便可得到。"说着，老人又取出一个看起来并不太干净的小药瓶。

　　"太棒了！"艾伦乐不可支，简直是手舞足蹈。他兴奋地盯着老人一滴滴在将"相思露"注入瓶中。

　　"我一向乐于满足别人的愿望。"老人说，"我的主顾都是回头客。一旦他们体验到'相思露'的神奇效果，便会回过头来寻找那更昂贵的清淡剂，以求解脱……"老人一边缓缓地说，一边抬起头来盯着艾伦看。

　　艾伦急急忙忙地付了钱，"谢谢。但也许我将是个例外。"

　　"不，年轻人。"老人望着艾伦下楼的背影，缓缓地而又意味深长地说，"我们一定还会再见的……一定会的。"

（佚名）

为失败划上一个逗号

　　每个人都不可避免地会失败，如果，你在失败面前一蹶不振，自暴自弃，那么失败就是你的句号；如果，你能够在失败面前找出原因，再接再厉，就必然能够从失败中走出来，最终走向成功。

　　她去应聘一家公司的文职工作。

　　那时候，她刚刚失业不久，正在努力寻找一份新工作。她只是中专学历，而在众多的应聘者中大学本科生比比皆是，甚至不乏硕士。她真的有些灰心了。

　　招聘过程十分简单，就是让每个应聘者讲一则生活、工作中失败的故事。很快，就轮到她讲了。

　　她轻轻地走上前去讲起了自己的故事，也就是上一次工作失利的故事。

　　她刚刚毕业来到深圳不久，一直在一家公司任秘书。公司很大，员工也很多，每月中旬，老板都要例行向员工讲一次话。

一次，老板一直很信赖的秘书出差了，写讲话稿的任务就落在了她身上。她写好之后，老板忙于事务没有看稿，时间到了便匆匆讲了。结果会议中，老板读错了几个字，引起员工哄堂大笑。原来，老板仅仅只有小学文化程度。老板当众出丑十分生气，那次会议结束后就将她辞了。

听到这里，周围的人纷纷为她表示惋惜。这看起来，并不是她的过错。

"但，这至少说明我不是一个合格的秘书。秘书的基本条件就是吃透领导，我对他了解不够，就是我的错，假若，我能在那些难认的字旁注上同音字，就绝对不会出现这种差错。"她很坚决地说道。

"那是你工作的时间太短。"又有人为她辩解。

"这不是时间长短的问题，而是我的工作主动性不够。"她仍旧坚持自己的想法。

就在这时，总经理突然打断了她的话，宣布她已经被录取了。

"为什么？"周围众多的应聘者十分不解。

"因为你们为自己的'失败'划上了句号，而她，划上的是一个逗号。"经理解释道。

（佚名）

积极的心态

成功者始终用最积极的思考、最乐观的精神和最辉煌的经验支配和控制自己的人生；失败者则刚好相反，他们的人生是受过去的种种失败与疑虑所引导和支配的。

一个年轻人和一个老年人分别要在夜晚不同的时间里，穿过一处阴森的树林。

走之前，他俩都听说这树林里出现过一只狼，那是从附近一座山上跑下来的。但这只狼是否还在那里，谁也不知道。

老年人临行前，别人劝他还是不去为好，可老人说："我已经与树林那边的人约好了，今晚无论如何要赶到。再说，反正我已六十多岁了，让狼吃了也没什么了不起。"

于是，老人走了，他准备了一根木棍，一把斧头，很快走进了树林。几个小时后，当老人走出树林时，他已经精疲力竭。灯光下，人们看见老人身上有许多血迹。

年轻人临行前，别人也同样劝他别去，年轻人犹豫了一下，他想，老人都去了，我若退缩的话多没面子，于是，学着老人的话说："我也已经与树林那边的人约好了，怎能不去呢？"接着又说："要是那老人和我一起走，该多好啊！毕竟两个人安全些，我还年轻，以后的日子还长着呢！"说这话的时候，年轻人因害怕而浑身发抖。

那晚他也走进了树林，但人们却没能见到他到达树林的那边。天亮的时候，人们只在那片树林里，见到一堆新鲜的骨头。

故事中，年轻人结局悲惨的原因就在于他持一种消极的心态，在遇到狼以前，他就已经否定了自己。由此可见，建立一种积极的心态才是成功的关键。

很多时候，大部分人之所以不成功，是因为他们不"想"成功，或者说他们不具备成功者的心态。知识与才能是成功的发动机，而积极的心态则是成功发动机中的润滑油。通过对大量成功者的研究，我们可以看到，几乎所有的成功者都表现出一个共同的特征，那就是都具备积极的心态。有的人仿佛天生就具备积极乐观、善于自我激励等特征，而有的人则经过苦难的磨砺主动地培养了积极的个性。没有什么比积极的心态更能使一个普通平凡的人走上成功的道路。从这个角度讲，积极的心态是成功理论的重要原则之一。如果你已具有积极的心态，那么恭喜你；如果你能培养积极的心态，那么你也必定能走向成功。

（佚名）

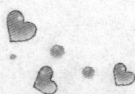

进取心创造卓越

我们每个人都感到，我们需要这种激励，它是我们人生的支柱。

玛丽·凯在美国可谓家喻户晓，然而在创业之初，她曾历尽失败，走了不少弯路。但她从来不灰心、不泄气，最后终于成为大器晚成的化妆品行业的"皇后"。

20世纪60年代初期，玛丽·凯已经退休回家。可是过分寂寞的退休生活使她突然决定冒一冒险。经过一番思考，她把一辈子积蓄下来的5000美元作为全部资本，创办了玛丽·凯化妆品公司。

为了支持母亲实现"狂热"的理想，两个儿子也"跳往助之"，一个辞去一家月薪480美元的人寿保险公司代理商职务，另一个也辞去了休斯敦月薪750美元的职务，加入到母亲创办的公司中来，宁愿只拿250美元的月薪。玛丽·凯知道，这是背水一战，是在进行一次人生中的大冒险，弄不好，不仅自己一辈子辛辛苦苦的积蓄将血本无归，而且还可能葬送两个儿子的美好前程。

在创建公司后的第一次展销会上，她隆重推出了一系列功效奇特的护肤品。按照原来的想法，这次活动会引起轰动，一举成功。可是，"人算不如天算"，整个展销会下来，她的公司只卖出去15美元的护肤品。

在残酷的事实面前，玛丽·凯不禁失声痛哭，而在哭过之后，她反复地问自己："玛丽·凯，你究竟错在哪里？"

经过认真分析，她终于悟出了一点：在展销会上，她的公司从来没有主动请别人来订货，也没有向外发订单，而是希望女人们自己上门来买东西……难怪在展销会上落到如此下场。

玛丽擦干眼泪，从第一次失败中站了起来，在抓生产管理的同时，加强了销售队伍的建设……

经过20年的苦心经营，玛丽·凯化妆品公司由初创时的雇员9人发展到

现在的 5000 多人；由一个家庭公司发展成为一个国际性的公司，拥有一支 20 万人的推销队伍，年销售额超过 3 亿美元。

玛丽·凯终于实现了自己的梦想。是什么力量不断地激励玛丽·凯朝着自己的目标前进？这个推动力就是：进取心。一旦养成一种不断自我激励、始终向着更高目标前进的习惯，我们身上的很多不良习性就都会逐渐消失。一旦我们有幸受这种伟大推动力的引导和驱使，我们就会成长、开花、结果，进取心最终会成为一种伟大的自我激励力量，它会使我们的人生更加崇高。

（佚名）

单纯的成功者

单纯是一种境界，目标单一、任务明确的人，不会患得患失，这种全神贯注的单纯会使人成功。

1994 年，奥斯卡最佳影片奖、奥斯卡最佳男主角奖、奥斯卡最佳导演奖等 6 项大奖都被授予电影《阿甘正传》。

《阿甘正传》根据同名小说改编，剧中的男主角阿甘是一个弱智的男孩，他头脑简单，想问题十分单纯，目标单一，行动始终如一。除了母亲，别人都叫他傻瓜。结果，他却获得了一个接一个的成功。

小时候，一群孩子要欺负阿甘，朋友告诉他：快跑！单纯的阿甘拼命地跑，速度甚至超过了正常的男孩；上大学的时候，阿甘打橄榄球，教练冲他喊："抢着球就快跑！"

阿甘听从了。阿甘打橄榄球打出了成绩，顺利迎来大学毕业，成了学校的"球星"，阿甘上越南打仗，上司告诉他："遇见危险，就赶快跑！"阿甘死板地执行了上司的命令，结果平安归来，还救出了战友，成了战争英雄，受到总统的接见。

阿甘是单纯的，所有的问题在他面前都是简单的。他不懂得争论，不懂

得逃避，只知道向前跑，这也是他成功的秘密所在。

金庸小说《射雕英雄传》里的郭靖，电视剧《士兵突击》里的许三多，都是像阿甘一样单纯的成功者。一根筋的郭靖被武侠迷奉称为"侠之大者"，阿甘被美国人称为美国社会学习的榜样，许三多被当今的人们当成励志的偶像。而这三个人物的共同点就是单纯、老实、执著。

其实成功并没有太多花哨的理论，就是单纯、执著足矣。阿甘、郭靖、许三多的成功经历都有太多的偶然，但正是因为他们单纯，才能够抓住一个个偶然出现的机会，执著地走下去，一步步迈向成功。

（佚名）

希望让生命之树常青

生命在于永不放弃，我们的事业也如此，有希望在，我们就有了前进的方向，就有了不竭的动力。

希望和欲念是生命不竭的原因所在。记住，无论在什么境况中，我们都必须有继续向前行的信心和勇气，生命的生动在于我们满怀希望，不懈追求。

有一个老人，刚好 100 岁那年，不仅功成名就，子孙满堂，而且身体硬朗，耳聪目明。在他百岁生日的这一天，他的子孙济济一堂，热热闹闹地为他祝寿。

在祝寿中，他的一个孙子问："爷爷，您这一辈子中，在那么多领域做了那么多的成绩，您最得意的是哪一件呢？"

老人想了想说："是我要做的下一件事情。"

另一个孙子问："那么，您最高兴的一天是哪一天呢？"

老人回答："是明天，明天我就要着手新的工作，这对于我来说是最高兴的事。"

这时，老人的一个重孙子，虽然还 30 岁不到，但已是名闻天下的大作家了，站起来问："那么，老爷爷，最令您感到骄傲的子孙是哪一个呢？"说完，他就支起耳朵，等着老人宣布自己的名字。

没想到老人竟说："我对你们每个人都是满意的，但要说最满意的人，现在还没有。"

这个重孙子的脸陡地红了，他心有不甘地问："您这一辈子，没有做成一件感到最得意的事情，没有过一天最高兴的日子，也没有一个令您最满意的孙子，您这100年不是白活了吗？"

此言一出，立即遭到了几个叔叔的斥责。老人却不以为忤，反而哈哈大笑起来："我的孩子，我来给你说一个故事：一个在沙漠里迷路的人，就剩下半瓶水。整整5天，他一直没舍得喝一口，后来，他终于走出大沙漠。现在，我来问你，如果他当天喝完那瓶水的话，他还能走出大沙漠吗？"

老人的子孙们异口同声地回答："不能！"

老人问："为什么呢？"

他的重孙子作家说："因为他会丧失希望和欲念，他的生命很快就会枯竭。"

老人问："你既然明白这个道理，为什么不能明白我刚才的回答呢？希望和欲念，也正是我生命不竭的原因所在呀！"

生命在于永不放弃，我们的事业也如此，有希望在，我们就有了前进的方向，就有了不竭的动力。

（佚名）

人生的意义

穆罕默德并没有马上回答他的问题，而是首先问道："年轻人，请你告诉我，你想在生命中得到什么呢？"

一位年轻人来向穆罕默德请教成功人生的意义是什么。

穆罕默德并没有马上回答他的问题，而是首先问道："年轻人，请你告诉我，你想在生命中得到什么呢？"

"对不起，您的意思是……"年轻人不解地问。

"你想从生命中得到什么？比如幸福、财富、地位……"

"嗯……我想要健康、快乐和……当然，还有富足。"年轻人不好意思地回答道，"这不是每个人都一样吗？"

"是的，这也是为什么很少人拥有快乐、健康并且富足的原因。"

"您是什么意思？"

"如果你不知道要在生命中寻找什么，你如何找到它呢？"

"可是我刚才不是说了吗？我要健康、快乐和富足。"年轻人坚持道。

"可是这些字眼是多么模糊不清啊，没什么特别的意义，它们到底是什么意思呢？"

"对不起，我还是不明白您的意思。"年轻人急忙说。

"好！让我们说得更明白一点儿，比如，你要怎么样才会感到富足，还有你必须赚多少钱才会感到富足呢？"

"嗯……我想想。"年轻人终于理解了穆罕默德的意思，他想了想说："我至少需要赚比现在的薪水多两倍的钱，才会感到富足。"

"好！这是个开始。还有呢？"穆罕默德微笑着问。

"我要拥有一所房子，没有贷款负担，还要一部车子。"

"哪种房子，哪个牌子的车子？"穆罕默德打断他说。

"我不知道。"年轻人回答，"那个并不重要，随便什么样子的都好。"

"是吗？"穆罕默德说，"那么，连卫生间都没有的房子，位置在脏乱的贫民区你也无所谓吗？"

"不！当然不行！"年轻人说。

"那么要哪一种房子才行呢？"穆罕默德又问。

"我最想要那种带小花园的二层小楼，我要有一间书房，有一个小餐厅，有一个大的卧室和客厅。房子最好位于城市的东边，那里是本城的商业中心，而我正好是从事这个行业的。"

"好！现在你已经越来越清楚了。"穆罕默德表示肯定。

"你认为只赚到比现在的薪水多两倍的钱就能负担得起这些吗？"

"不能。"年轻人笑了，"我就是赚比现在多五倍的钱，也负担不起这种昂贵的房子。"

"这样啊，那你刚才为什么说只要赚到两倍钱，你就会感到富足呢？"

"噢……那个时候，我还没有认真去思考这个问题。"年轻人承认。

"那么，你现在看到矛盾之处了吗？"穆罕默德说，"很多人都说他们想要富足，但是很少有人花时间仔细去想他们到底要什么，以及为什么要。如果你想开始为自己的生活创造源源不绝的财富，你必须好好把这些都想清楚。去找出你确实想要得到的东西，甚至连最细节的部分都想清楚，这是非常必要的过程。只说你要什么还是不够的。你必须知道是什么样的房子，哪种牌子、哪个型号、什么颜色的车子。最后，有一个清楚的愿望还不够，你还必须知道原因，如何达到目的，这才能真正对你有所帮助。"

(佚名)

蛋糕不会从天而降

他终于吃到了自己赚钱买来而不是祈祷得来的蛋糕。小姑娘的话使他受益终生，并指引他走向了新的道路。

小克莱门斯刚满4岁，但他已经是一名小学生了。他的老师霍尔太太是一位虔诚的基督徒，每次上课之前，她都要先领着孩子们进行祈祷。

有一天，霍尔太太给孩子们讲《圣经》，当讲到"祈祷，就会获得一切"的时候，小克莱门斯忍不住站起来，问道："真的吗？祈祷真的可以获得一切吗？如果我祈祷上帝，他会给我任何我想要的东西吗？""是的，孩子。只要你愿意虔诚地祈祷，你就会得到你想要的东西。"

听到这样的回答，小克莱门斯高兴极了。此时他最想得到的是一块大大的蛋糕，因为他从来没有吃过蛋糕。而他的同桌，一个可爱的金发小姑娘每天都会带着一大块这么诱人的蛋糕来到学校。她常常问小克莱门斯要不要尝一口，倔强的小克莱门斯每次都坚决地摇头，但他的心是痛苦的，他其实很想尝尝那蛋糕是什么滋味。所以，那天在放学的时候，小克莱门斯兴奋地对小姑娘说："明天我也会有一大块蛋糕。"

回到家后，小克莱门斯关起门，无比虔诚地进行祈祷，他相信上帝已经看见了他的表情，上帝一定会被自己的诚心感动的！然而，第二天起床后，他找遍了所有上帝可能放蛋糕的地方，仍然什么也没有发现。他以为只是自己不够虔诚，所以他告诉自己：以后每天都坚持祈祷，一定要等到蛋糕降临。

一个月后，金发小姑娘突然想起来，笑着问小克莱门斯："你的蛋糕呢？"小克莱门斯告诉小姑娘："上帝也许没有看见我在进行多么虔诚的祈祷。因为每天有那么多的孩子都在做这样的祈祷，而上帝只有一个，他怎么会忙得过来呢？"小姑娘惊讶地看着他说："难道你每天祈祷只是为了一块蛋糕吗？你为什么不自己去赚钱买一块呢？几个硬币就可以买到了。"

小克莱门斯恍然大悟。从此，他决定不再祈祷。小姑娘说得很对，为什么不自己去赚钱买一块呢？所以，小克莱门斯对自己说："我不会再为一件卑微的小东西祈祷了。"

不久，他就通过给别人送报纸或帮别人遛狗，攒够了买蛋糕的钱。他终于吃到了自己赚钱买来而不是祈祷得来的蛋糕。小姑娘的话使他受益终生，并指引他走向了新的道路。

（佚名）

做一件属于自己的事

丽贝卡并没有被眼前的困难击败，她决定继续走下去。她一反平时胆怯羞涩没有自信的窘态，亲自做好了几道菜，摆在路旁的餐桌上，请每一个过往的行人品尝她的杰作。

丽贝卡出生在一个大家庭中。她有三个姐姐，三个哥哥，一个妹妹和一个弟弟。由于孩子太多，父母根本没有精力顾及到每一个孩子的心理。他们总是把最小的孩子抱在手里，而其他的孩子就只能让哥哥姐姐照顾了。

丽贝卡从小就非常渴望能够得到父母的赞扬和鼓励，每做一件事都严格要求自己，想把事情做到完美无缺，以此来博得父母的赞美和鼓励。但是父母通常根本就没有注意到她，这让丽贝卡很是失望。久而久之，她就越来越没有自信了。

丽贝卡长大以后，嫁给了一个非常成功的商人，婚姻美满幸福，可是一直伴随她的坏习惯——缺乏自信仍然跟随着她。唯一使她能相信自己是个有用之人的，就是在厨房里的时候，她喜欢做汉堡包，蛋糕做得也不错，更擅长做意大利面。

丽贝卡非常渴望成为一个受大家尊重且信心十足的人，因此，为了完成自己的愿望，她鼓起勇气从家务中走了出去，决定去做一件属于自己的事情。最终，她选择进入餐饮业。因为丽贝卡的公公婆婆以及她的丈夫经常说她做的饭菜非常好吃，甚至超过那些餐厅的大厨师。这是自己的一个优势，所以丽贝卡决定将这个优势发展一下。

可是，一听到丽贝卡要开餐馆，一家人都感到很震惊。婆婆说："这个主意你是怎么想出来的？它简直荒唐到了极点。"丈夫也说："这事太难了，快别胡思乱想了。我们家并不缺钱。"

但是，家人的反对与劝阻并没有对丽贝卡起到多大的作用，她依然坚定自己的信念，决定按自己的想法去做。

丽贝卡的餐馆正式开张的那一天，非常冷清，竟然没有一个顾客光临。这使丽贝卡很受打击，她几乎要被冷酷的现实击垮了。她好不容易决定冒了一次险，而这一次冒险看起来要将她彻底击败。她开始怀疑自己的决定，开始相信丈夫和父母的说法是对的。

但是人就是这样，当你已经尝试了第一次冒险的滋味后，以后再去面对风险就没那么恐惧了。丽贝卡并没有被眼前的困难击败，她决定继续走下去。她一反平时胆怯羞涩没有自信的窘态，亲自做好了几道菜，摆在路旁的餐桌上，请每一个过往的行人品尝她的杰作。

这一招果然取得了非常好的宣传效果，所有尝过她的菜的人都夸赞她手艺高超。从第三天开始，她的生意就好了起来。

一年后，她的小餐馆经营得有声有色，还开了几家连锁店。一家人对她刮目相看。

(佚名)

用行动回报父亲

我父亲去世了，但是你知道吗？我父亲根本就看不见，他是瞎的！现在，父亲在天上，他第一次能真正地看见我比赛了！所以我想让他知道，我能行！

有一个男孩，小时候妈妈就去世了，一直以来他都与父亲相依为命，因此父子感情特别深。这个男孩喜欢踢足球，虽然他的球技并不怎么好，而且即使他参加了比赛，也只被教练当作是替补。然而他的父亲仍然场场不落地前来观看，每次比赛都在看台上为儿子鼓劲。

几年以后，男孩儿考上了大学，他参加了学校足球队的选拔赛。幸运地，男孩儿以最后一名的成绩进入了球队，不过男孩儿并不觉得丢人，他太喜爱这项运动了。

上大学的这几年里，男孩儿一直没有上场的机会。转眼就快毕业了，这是男孩在学校球队的最后一个赛季了，一场大赛即将来临。

一天，教练递给了男孩儿一封电报，电报中说男孩儿的父亲在今天早上去世了。男孩儿一句话也没有说，脸色白得吓人。他向教练请了假，立即赶回了家中。

比赛的时候到了，那场球赛打得十分艰难。当比赛进行到 3/4 的时候，男孩所在的队已经输了 10 分。就在这时，一个沉默的年轻人悄悄地跑进空无一人的更衣间，换上了他的球衣。当他跑上球场边线，教练和场外的队员们都惊异地看着这个满脸自信的队友。

男孩走到教练跟前，坚定地对他说："教练，请允许我上场，就现在。"教练十分为难，今天的比赛太重要了，差不多可以决定本赛季的胜负，他当然没有理由让最差的队员上场。可是男孩不停地央求，教练终于让步了，就让这个可怜的孩子试试吧。

于是，这个身材瘦小、籍籍无名、从未上过场的球员，在场上奔跑、过人、拦住对方带球的队员，简直就像球星一样。他所在的球队开始转败为胜，很快比分打成了平局。就在比赛结束前的几秒钟，男孩一路狂奔冲向底线，得分！赢了！男孩的队友们高高地把他抛起来，看台上球迷的欢呼声如山洪暴发！

比赛结束后，教练走到了男孩儿面前，问他为什么能创造出这样的奇迹。男孩看着教练，泪水盈满了他的眼睛。他说："我父亲去世了，但是你知道吗？我父亲根本就看不见，他是瞎的！现在，父亲在天上，他第一次能真正地看见我比赛了！所以我想让他知道，我能行！"

（佚名）

责任改变命运

沃尔顿向他说了抱歉，工期要延长一天了。他如实地将事情和自己内心的想法说了出来。迈克尔听后，不仅没有生气，反而对沃尔顿竖起了大拇指。

沃尔顿是一个普通的年轻人，但他凭借自己的努力终于考上了著名的耶鲁大学。然而他的家里实在是太贫穷了，大学的学费对于这个小家庭来说根本承受不起。然而，沃尔顿并没有放弃学业的想法，他决定趁假期去打工，用赚来的钱充当学费。

沃尔顿的父亲是一名油漆工，因此他从小也会做这项工作。经过自我推荐，沃尔顿接到了为一大栋房子做油漆的业务，尽管房子的主人迈克尔很挑剔，但给的报酬很高。沃尔顿很高兴地接受了这桩生意。在工作中，沃尔顿自然是一丝不苟，他认真和负责的态度让几次来查验的迈克尔感到满意。

终于，这栋房子只差最后一面墙就完工了。沃尔顿为拆下来的一扇门板刷完最后一遍漆，刚刚把它支起来晾晒。做完这一切，沃尔顿长出一口气，想出去歇息一下，不想却被脚下的砖头绊了个跟跄。这下坏了，沃尔顿碰倒了支起来的门板，门板倒在刚粉刷好的雪白的墙壁上，墙上出现了一道清晰的痕迹，还带着红色的漆印。沃尔顿立即用切刀把漆印切掉，又调了些涂料补上。可是做好这些后，他怎么看怎么觉得补上去的涂料色调和原来的不一样，那新的一块和周围的也显得不协调。于是，沃尔顿决定把那面墙重新刷一遍。

这样，沃尔顿又花了一天的时间才把墙刷好。第二天，沃尔顿一大早就来到了房子里，等着房主来验收。可是这时他发现新刷的那面墙又显得色调不一致，而且越看越明显。沃尔顿叹了口气，决定再去买些材料，将所有的墙重刷，尽管他知道这样做，他要花比原来多一倍的本钱，他就赚不了多少钱了，但沃尔顿还是决定要重新刷一遍。

这时，迈克尔就来验工了。沃尔顿向他说了抱歉，工期要延长一天了。他如实地将事情和自己内心的想法说了出来。迈克尔听后，不仅没有生气，反而对沃尔顿竖起了大拇指。作为对沃尔顿工作的负责态度的奖励，迈克尔愿意赞助他读完大学。

此后，沃尔顿的一生改变了，他顺利读完大学，毕业后还娶了迈克尔的女儿为妻，进入了迈克尔的公司。十年后，他成了这家公司的董事长。

而后，他建立了举世闻名的全球最大的连锁超市集团——沃尔玛。

（佚名）

弹奏乐观的心曲

只有以一种平和乐观的心态去面对生活、面对问题，才是最重要的。

英国作家萨克雷说："生活是一面镜子，你对它笑，它就对你笑，你对它哭，它也对你哭。"

的确，如果我们心情豁达、乐观，我们就能够看到生活中光明的一面，即使在漆黑的夜晚，我们也知道星星仍在闪烁。一个心理健康的人，思想高洁，行为正派，能自觉而坚决地摒弃病态的想法。我们既可以坚持错误、执迷不悟，也可以痛改前非、改过自新，这都取决于我们自己。这个世界是大家创造的，因此，它属于我们每一个人，而真正拥有这个世界的人，是那些热爱生活、乐观向上的人。也就是说，那些真正拥有快乐的人才能真正拥有这个世界。

但是快乐也是有成本的。要得到快乐，必须先磨炼自己的耐性，先付出艰苦和等待。我们必须先播下种子，然后用不求收获的、理智的心情去等待快乐的果实。

人的心理活动没有一刻的平静，间或兴奋、欢乐，间或沮丧、消极。快乐的人也有不幸与烦恼。有的人大部分的生活被消极情绪占领，或哀叹不已、灰心丧气，或牢骚满腹、怨天尤人，却不善于解脱排遣。

开朗的人的特点是把眼光盯在未来的希望上，把烦恼抛在脑后。培养乐

观、豁达的性格，将会对你终生有益。

具有乐观、豁达性格的人，无论在什么时候，他们都感到光明、美丽和快乐的生活就在身边。他们眼睛里流露出来的光彩使整个世界都溢彩流光。在这种光彩之下，寒冷会变成温暖，痛苦会变成舒适。这种性格使智慧更加熠熠生辉，使美丽更加迷人灿烂。那种生性忧郁、悲观的人，永远看不到生活中的七彩阳光，春日的鲜花在他们的眼里也失去了娇艳，黎明的鸟鸣变成了令人烦躁的噪音，无限美好的蓝天、五彩纷呈的大地都像灰色的布幔。在他们眼里，生活仅仅是令人厌倦的、没有生命和没有灵魂的苍白。

乐观像一股永不枯竭的清泉，乐观像一首没有歌词的永无止境的欢歌。它使人的灵魂得以宁静，使人的精力得以恢复，使美德更加芬芳。人的精神、灵魂、美德都从这种愉悦的心情中得到滋润，尽管烦恼和不安总在时时吞噬着这种美好的心情，各种挫折和磨难会一点一滴地消耗它，但这如清泉甘露般的美丽心情永远不会枯竭，而是历久弥坚以至永远。

所以，要保持乐观的心态，微笑着面对生活。

（佚名）

别钻牛角尖

成功并非那么困难，只要你能够找到那个最适合你的"交通工具"。

他是一个十分腼腆内向的孩子，小朋友们都不喜欢和他在一起，认为他是天底下最愚笨的孩子。

在学校里，老师从来不叫他回答问题，因为他总是羞涩地说不知道。每次考试，他的成绩都是倒数。他也曾默默努力过，可是收效甚微。就连他自己都认为，自己是个笨蛋，是个白痴。每天醒来后，他都感到恐惧。他害怕上学，害怕被嘲笑。周末，他独自一人坐在门前，看着草地上喜笑颜开的孩子们，觉得十分孤独，更感到自己的未来一片渺茫。很快，就连学校也在考虑劝他退学了。

男孩的父亲一直很为儿子担心。他知道，儿子并不是一个愚笨的人。于是，他决定带儿子一起出趟远门，目的地是波士顿。

父子两人决定坐车前往。一路上，男孩心里十分欢欣雀跃，那是他第一次出远门。他在父亲面前变得活跃，甚至有许多讲不完的话。望着这样的儿子，父亲心里十分欣慰。

途中，汽车经过一个小站。父亲告诉儿子，自己要下车去买东西。结果，父亲一去不复返，汽车就在他的喊叫声中出发了。

男孩一个人坐在车里十分害怕，没有了汽车，父亲怎么能到波士顿？如果父亲不能赶到，自己一个人怎么办？男孩越想越怕，不知道过了多久，目的地到了。

就在男孩惊慌失措时，突然发现父亲就在车窗外站着，正微笑地望着他。他快速地飞奔下车，一下子扑进了父亲的怀抱，诉说一路的忐忑不安。

"爸爸，没有了汽车，您怎么还能到达波士顿？"男孩有些惊讶地问父亲。

"傻孩子，我是骑马来的。有谁说过，必须只有坐汽车才能到波士顿吗？只要我能到达目的地，用任何方式都可以。"父亲抚摸着儿子的头发，温柔地说道。

"这就像是你的人生，你在学业上不成功，并不代表你在其他方面不能成功。所以，别钻牛角尖，换一种方式，爸爸相信你一定是最棒的！"父亲拍了拍儿子的肩膀，坚定地说道。

此时，男孩猛然醒悟。

其实，这次旅行是父亲早就安排好的。父亲途中下车的那个小站离波士顿很近，骑马甚至要比坐汽车还快。父亲之所以这样安排，就是希望儿子能够转变思想，找到属于自己的成功之路。

男孩不负父亲的厚望，果真走上了一条非同寻常的人生之路。他迷恋上了魔术，便跟随着魔术师一起学习魔术。他在魔术方面的天分让很多人惊叹，就连那些教授他技艺的魔术师们都觉得匪夷所思。

后来，他终于成为了大名鼎鼎的魔术师。他的名字就是大卫？科波菲尔，一个匪夷所思的成功人士。

（佚名）

放飞手中的气球

　　漫长的人生路上，他铭记气球的教训，放弃了其他的东西，一心一意地关注经济，一刻也不放松对自己钟情的经济学的研究。

　　他的父亲是纽约颇有名气的股票经纪人，母亲是不起眼的店员，一个与数字为伍，一个与文艺结缘。他从父母那儿继承了两份不同的天赋：数字和音乐。

　　他原本可以过上幸福生活，然而，在4岁那年，父母在吵吵闹闹中终于离了婚。

　　父母离异之后，他随母亲生活，日子过得很清贫，好在他母亲十分疼爱他，在成长路上，还算一帆风顺。他的母亲迷恋音乐，喜欢在绿茵茵的草上唱歌，并且擅长多种乐器。在母亲的熏陶下，他也喜欢上了音乐，并在幼时暗下决心：长大后一定要当一名职业音乐人。

　　8岁那年，他随母亲到纽约市郊外一座森林公园郊游，一路上哼着母亲的歌，欢天喜地。一到目的地，他和往常一样，抓起几个五颜六色的气球在绿地上奔跑，似欢快出笼的小鸟，看到气球，他母亲感慨颇深。儿子数学启蒙的道具正是这色彩斑斓的气球。从认识10个数开始，便与它们结缘。5岁的时候，他在逻辑推理能力开始形成，不借助气球能心算三位数的加减法。不过在心算的同时，他手上仍不停地拨弄气球。每个孩子都有自己最喜欢的玩具，他也不例外。气球就是他最贴心的玩具。

　　他在公园的林间跑呀跑，他母亲在后面边追边哼着小曲。母子嬉戏了一段时间，都感觉有点累，然后，面对面地坐在地上休息。母亲从包里取出一支精致的口琴放在嘴上，左右推移，林间立即回响起悠扬的琴声。

　　他瞪大眼睛，准备伸手向母亲要口琴，却又舍不得放飞气球。左右为难之际，母亲停了吹奏，朝他不住地发笑。在短短的几秒钟内，他做出选择，松开手，扑向母亲，索要她手中的口琴。气球在风中飘啊飘，倏地掠过树梢，飞向蓝天。

　　这一天，他学会了吹奏口琴，悠悠琴声响遍树林，这琴声也在他人生路回响。从此，他懂得了选择。第一次知道该舍弃的应该大胆舍弃，该抓住的要毫不犹豫地抓住。打这以后，他真正地走进音乐，并沉迷其间。

　　在乔治·华盛顿中学毕业后，他考进著名的纽约米利亚音乐学院，正可谓如鱼得水。但是，学业尚未过半，他发现自己在这方面很难有长进，对音乐产生厌倦。与此同时，他对数字和经济发生浓厚兴趣。犹豫不决的时候，他想起了8岁那年在郊外放飞气球的情景，脑子里总浮现那几只飞向蓝天的气球。

　　冥冥之中，那几只气球给他暗示，也给他力量，他毅然决然地退了学，进入纽约大学商学院学习，开发自己另一份天赋。1948年，他获得经济学学士学位。两年后，他又以最优秀的成绩获得经济学硕士学位，并到哥伦比亚大学深造。在哥伦比亚大学，他遇见人生第一位伟大的良师益友，后来在尼克松政府中出任美国联邦储备委员会主席的亚瑟·博恩斯教授。

　　由于他家中贫困，无力支付哥伦比亚大学的费用，被迫中途退学。他的学业就这么拖着，这一拖就是近30年。漫长的人生路上，他铭记气球的教训，放弃了其他的东西，一心一意地关注经济，一刻也不放松对自己钟情的经济学的研究。

　　苍天不负有心人。1977年，51岁高龄的他终于戴上哥伦比亚大学的博士帽。10年后，他被里根总统任命为美国联邦储备委员会主席，成了一位跺跺脚整条华尔街都会地震的重量级人物。

　　他，就是艾伦·林斯潘。

（佚名）

让自己更耀眼

　　他在传记中谦逊地说："我仅是一粒微弱的星火，如果我还有高明的地方的话，就是我懂得如何把自己放在一个恰当的位置上，让微弱的光更耀眼一些罢了。"

　　安迪在一家拥有近千名员工的大公司里谋到了一个还不错的职位，这让很多人羡慕不已。但是，安迪自己却十分苦恼，因为在这个大公司中，他已经在这个职位上辛辛苦苦干了三年了，每一天都不敢懈怠。可奇怪的是，领导似乎从来没有看到这一点。三年来安迪一直得不到提拔和重用。

　　有一天晚上，安迪想要到地下室去取一些急需的东西，可在这时，突然停电了！四周一片漆黑。他马上摸索着出去找蜡烛，却没有找到，他从不抽烟，所以也没有打火机。

　　正当他无计可施的时候，无意间碰到了一张音乐贺卡，那贺卡马上就响了起来，伴随着悦耳的声音，小小的灯泡一闪一闪的，很漂亮。他打开贺卡，发现小灯泡还挺亮的。

　　于是，他想："如果带着它去地下室找东西，也许还可以凑合着用吧！"果然，在伸手不见五指的地下室里，贺卡的光亮显得非常炫目，借助着这点光亮，安迪很容易地就找到了要找的东西。

　　安迪从这件小事上突然明白了一个道理。

　　不久以后，安迪就从他所在的那个大公司辞职了，来到一个只有30个人的小公司。他的新工作只是市场部的一个小职员，比起他以前的工作，这个工作简直就是小儿科，薪水也十分微薄，但是安迪知道自己想要什么，他毫无怨言，决心从头做起。

　　由于他在原来的公司积累了丰富的工作经验，轻车熟路，再加上不懈的努力和独特的眼光，短短几个月之后，他就升任了项目部经理。然而，他并

没有在这个位置上待多久，就从这家公司跳槽到了另一家更适合他的公司，并逐渐做到了总经理的位置。

几年之后，安迪已经成了一家跨国大公司的董事长。

他在传记中谦逊地说："我仅是一粒微弱的星火，如果我还有高明的地方的话，就是我懂得如何把自己放在一个恰当的位置上，让微弱的光更耀眼一些罢了。"

（佚名）

珍惜你所拥有的生活

学会珍惜，活在当下才是最适合你。

一只饿了很久的狼独自在路上行走着，它已经很久没有吃到东西了，因为那些看门狗们实在是太尽职尽责了。这时，狼遇到了一只狗，这只狗因为得到了充足的食物，外表看上去毛色发亮，强壮而精神。

狼存了一肚子的气，你们这些狗，凭什么就过得比我好呢，它很想冲上去和这条狗打上一架，把它撕成碎片。可是狼知道自己现在一点力气都没有，如果非要进行争斗，它很有可能会吃亏。

于是，它装作友好的走上前去，和这条狗攀谈起来。它夸赞狗长得很福相。狗得意地回答道："其实你也可以和我一样的。这取决于你自己，只要你离开树林，到人类的家里去打工，你就会过上天堂般的生活。看看你的那些同类，它们在树林里生活得多么像乞丐呀！它们一无所有，得不到免费的食物，一切都得靠自己去争取，你和我走好了，你会发现你的命运就此改变了。"狼问道："那我都需要做什么呢？"狗说："很简单，只要你赶走主人不喜欢的人，奉承家里的成员，用一些小伎俩讨主人的欢心就行，这样你就可以得到各种残羹剩饭，还有很多美味的骨头。"

狼听到这些，觉得狗的生活简直是太幸福了，于是它跟着狗回家了。在

半路上，狼忽然注意到狗的脖子上掉了一圈毛，狼问道："这是怎么回事"，狗平淡地回答道："哦，没什么，只不过是拴我的项圈磨掉了我的毛而已。"狼停住了，"你要被拴着是吗？也就是说你不能自由的跑来跑去？""是的，但这没什么，"狗回答道。"这关系太大了，我宁肯不要你的那些美味佳肴，也不愿意用我的自由交换，"狼说完，就头也不回地跑掉了。这故事虽然说的是狼与狗，中心问题也就是肉骨头和自由，但它给我们的启示却不止是这些。我们的生活中有很多人都羡慕别人的生活，两位多年未见的老朋友，一位在一家工厂做普通工人，另一位开着八家连锁店，老友相见，自是很多的感慨。

　　工人对老总说："你老兄混得好哇！如今是要什么有什么。"言下之意不免带着点自叹不如和悲凉。老总笑着说："老弟，我说我过得并不舒服，你可能不信吧？"工人瞪直了眼睛，"你是不是有点身在福中不知福哇，整天吃的山珍海味，周围都是漂亮小姐和高科技人才，到哪里都是前呼后拥，你还说自己不舒服？"老总笑着说："那好吧，你就和我在一起待上几天试试吧！"到了第三天，工人主动提出要回家了。老总再三挽留，工人真诚地说，本以为你的生活很舒服，可现在你要和我换我还不干呢！

　　原来，这两天，工人和老总寸步不离。老总一天要接数十个电话，两天时间，有十几个小时是在飞机上度过的，余下的时间是处理公司的各种事务，夜里 12 点钟，还在陪客户吃饭，唱卡拉 OK，到了第二天凌晨，一个电话就把人叫醒，新的一天又开始了轮回。所以，工人受不了了，他觉得老总还没有他幸福。至少他有自己的时间来支配，至少他有充足的休息时间。

　　无独有偶，李小姐非常羡慕嫁入豪门的郑太太，看到好友穿金带银奢侈消费的时候，自己总是生出一些怨恨来，为什么我就没有那个命呢？直到有一天，郑太太向她哭诉丈夫的不忠，婆家人的刁难，一个人独守空房的时候，她才发现，原来自己有丈夫陪伴，幼子相偎，这种幸福也是令富豪们眼热的呀。

　　所以，学会珍惜，学会辩证地看问题是很重要的，很多时候，我们看到的，我们羡慕的，都是别人表面上的生活，却没有看到这些风光背后的辛酸和苦涩。所以，不要埋怨你的工资太少，不要埋怨你的丈夫不会赚钱，不要羡慕别人的宝马香车，不要羡慕大款们挥金如土。因为你不用付出他们那样的代价。而你目前所拥有的平凡生活却正是他们求之不得的。

（佚名）

成功从下一个目标开始

　　"黑带代表着开始——代表无休止的磨练、奋斗、和追求，代表更高标准的里程的起点。"宗师终于满意地点点头，"好，你已经可以接受黑带开始奋斗了。"

　　对于一个练跆拳道的人来说，黑带是高手的象征，更是实力的体现，所有跆拳道者都把它视为一种荣誉和责任。许多人都对黑带的称号梦寐以求，但是这个黑带得来可不是件容易的事情。在武林中，曾经有一位高手，他经过多年的严格训练，终于在武林有了一定的名气，达到了黑带的标准，可以被授予黑带的荣誉了。按规矩要由武学宗师为他颁发。这位高手跪在武学宗师的面前，脖颈高昂，浑身上下散发着一种霸气和进攻的气质，但是目光虔诚，准备接受得来不易的黑带的仪式。

　　"在授予你黑带之前，你必须接受一个考验。"武学宗师说。"我已经准备好了。"徒弟答到，他以为老师一定是想再最后考核一遍他的跆拳道招式。

　　"这是你在得到黑带前必须回答的问题：黑带的真正含义是什么？""是我习武的结束。"徒弟答到，"是为了奖励我这么多年刻苦练习并有所得成就。"武学宗师没说话，似乎在等待着他继续说些什么，显然他不满意徒弟的回答。最后他摇了摇头："现在你还没有到拿黑带的时候，过些日子再来吧。"

　　一年以后，徒弟再度跪在宗师面前。还是那个问题。"是本门武学中的最高荣誉，是杰出的象征。"徒弟说。武学宗师等啊等，过了好几分钟，徒弟没再接着说，宗师的表情依然很严肃。最后他说："你仍然没有到拿黑带的时候，过些日子再来吧。"

　　又一年过去了，徒弟又跪在宗师的面前，这一次他的表情明显比前几次谦卑多了。师傅又问："黑带的真正含义是什么？""黑带代表着开始——代

表无休止的磨练、奋斗、和追求，代表更高标准的里程的起点。"宗师终于满意地点点头，"好，你已经可以接受黑带开始奋斗了。"

（佚名）

成也经验，败也经验

他们听说，大海那边是一个好地方，那里物产丰富，人口又多，气候适宜，非常容易发财。于是，三个人仔细商量后，决定克服一切困难，到大海那边去试试运气。

从前，有一个木匠、一个读书人和一个商人。他们从小一同长大，在一个靠近大海的地方生活了 30 年，日子久了，就渐渐有了厌烦的情绪。他们听说，大海那边是一个好地方，那里物产丰富，人口又多，气候适宜，非常容易发财。于是，三个人仔细商量后，决定克服一切困难，到大海那边去试试运气。

正当他们各自买好了船，仔细做着渡海的各项准备工作时，一位学识渊博、经验丰富的老人，特意赶来为他们送行，告诉他们，那个地方很远很远，要在大海上漂流很多天，海里气象多变，风浪很大，渡海的时候除了带足食物与淡水等物品外，还一定要带上指南针，免得迷失方向。临走前，老人还教给他们许多应付风浪的经验和措施。

对于老人的嘱咐，三个人有的相信，有的不信。木匠和读书人是相信的，所以每个人在置办了必要的生活用品和航海用具外，都买了一只性能优良的指南针。商人却不相信老人的话，认为自己走南闯北这么多年，有着丰富的航行经验，没有指南针，不照样闯过了许多大江大河吗？于是，他只将一些食物和淡水装在船上。

在一个风平浪静的日子，三个人的航船渐渐离开了海岸，向大海那边出发了。

走到半路，海面上突然起了大雾。木匠与读书人依靠指南针的导引，航船没有偏离航向，仍然顺利地向目的地驶去。商人没有指南针，他感觉四处都是朦朦胧胧的，无论自己如何调用过去的经验，仍然无法辨明方向。不久，他就与自己的伙伴失去了联系。结果不幸闯进了急流，落了个船翻人亡的悲惨结局。

木匠和读书人的船闯过了大雾，心里十分高兴。两人正在吃干粮，补充能量。忽然，在船的正前方，出现了一片礁林。

木匠很有经验，一看到礁林，立即放下食物，站起来大声对读书人喊："快绕开，不然船会被撞翻的。"

读书人却摇摇头说："不行，不行！指南针指的这个方向一丝一毫也不能改！"

他不听劝阻，眼睛死盯住指南针，径直将船驶进了礁林。结果触礁翻船，遭到了同商人一样的结局。

只有那个木匠，始终依据海里的情况变化不断操纵着航船。他灵活地绕过了一片片的礁林，闯过了重重风浪，终于到达了大海的那边，发现了财富，过上了幸福的生活。

在这个故事中，商人犯了经验主义的错误，结果迷失方向，闯进了急流；读书人则把经验当做永恒的法宝，不知依据实际情况灵活变通，犯了教条主义的错误，结果触礁而亡；而那位聪明的木匠，却把经验与实际相结合，终于到达了胜利的彼岸。

（佚名）

生命的林子

在法门寺这片"森林"里，玄奘苦心潜修，后来，成为一代名僧，他的枝叶，不仅穿过云层，伸进了天空，而且承接了西天辉煌的佛光。

据说唐玄奘剃度之初，在法门寺修行。法门寺是个香火鼎盛、香客络绎不绝的名寺，每天晨钟暮鼓、香客如流。玄奘想静下心神，潜心修身，但法门寺法事应酬太繁，自己虽青灯黄卷苦苦习经多年，但谈经论道起来，自己远不如寺里的僧人。

有人劝玄奘说："法门寺是个誉满天下的名寺，水深龙多，纳集了天下的许多名僧，你若想在僧侣中出人头地，不如到一些偏僻小寺中阅经读卷，这样，你的才华便很快显露了。"

玄奘思忖良久，觉得这话很对，便决定辞别师父，离开这吵吵嚷嚷高僧济济的法门寺，寻一个偏僻冷落的深山寺去。于是玄奘就打点了经卷、包裹，去向方丈辞行。

方丈明白玄奘的意图后，问玄奘："烛光和太阳哪个更亮些？"玄奘说当然是太阳了。方丈说："你愿意做烛光还是太阳呢？"

玄奘认真思忖了很久，郑重地回答说："我愿意做太阳！"于是方丈微微一笑说："我们到寺后的林子去走走吧。"

法门寺后是一片郁郁葱葱的森林。方丈将玄奘带到不远处的一个山头上，这座山头上树木稀疏，只有一些灌木和零星的三两棵松树，方丈指着其中最大的一棵说："这棵树是这里最大最高的，可它能做什么呢？"玄奘围着树看了看，这棵松树乱枝纵横，树干又短又扭曲，玄奘说："它只能做煮粥的薪柴。"

方丈又信步带玄奘到那一片郁郁葱葱密密匝匝的林子中去，林子遮天蔽

日，棵棵松树秀欣、挺拔。方丈问玄奘说："为什么这里的松树每一棵都这么修长、挺直呢？"

玄奘说："都是为了争着天上的阳光吧。"方丈郑重地说："这些树就像芸芸众生啊，它们长在一起，就是一个群体，为了一缕阳光，为了一滴雨露，它们都奋力向上生长，于是它们棵棵可能成为栋梁，而那远离群体零零星星的三两棵，一团一团的阳光是它们的，许许多多的雨露是它们的，在灌木中它们鹤立鸡群，没有树和它们竞争，所以，它们就成了薪柴啊。"

玄奘听了，便明白了。玄奘惭愧地说："法门寺就是这一片莽莽苍苍的大林子，而山野小寺就是那棵远离树林的树了。方丈，我不会离开法门寺了！"

在法门寺这片"森林"里，玄奘苦心潜修，后来，成为一代名僧，他的枝叶，不仅穿过云层，伸进了天空，而且承接了西天辉煌的佛光。

（佚名）

做别人没有做过的事

> 比利时的哈罗啤酒厂位于首都东部，无论是厂房建筑还是生产设备都没有很特别的地方，可是它的啤酒非常畅销，这源于它有一位很有头脑的营销总监——林达。

比利时的哈罗啤酒厂位于首都东部，无论是厂房建筑还是生产设备都没有很特别的地方，可是它的啤酒非常畅销，这源于它有一位很有头脑的营销总监——林达。哈罗啤酒厂的市场份额曾经一年一年地减少，由于啤酒销售不景气，便没有钱在电视或报纸上做广告。

这时，一个不满25岁的小伙子来到了这个厂子，他就是林达。林达进到厂子里没多久，就喜欢上了厂里一个很优秀的女孩，然而那个女孩却对他说："我不会看上一个像你这样普通的男人。"于是，林达决定要做些不普通的事

情，让这个女孩改变对自己的看法。

那时，林达只是个销售员，他的权利十分有限，于是他毅然决定冒险做自己想做的事情，他贷款承包了厂里的销售工作。正当林达为怎样去做一个最省钱的广告而发愁时，他徘徊到了布鲁塞尔市中心的于连广场。广场上的铜像即于连撒尿的铜像非常有名，这源于于连用自己的尿浇灭了侵略者炸毁城市的炸药的导火线，从而挽救了这座城市。人们对这个铜像的喜爱和敬仰使林达突然灵机一动，想出了一个绝妙的点子。

第二天，所有路过广场的人们都发现于连的尿居然变成了色泽金黄、泡沫泛起的"哈罗"啤酒，而旁边的大广告牌子上则写着"哈罗啤酒免费品尝"的广告语。就这样，一传十、十传百，"哈罗"啤酒很快进入了千家万户的冰冻箱里，全市老百姓都从家里拿出自己的瓶子杯子排成队去接啤酒喝。而对于这一奇怪的新闻，许多电视台、报纸、广播电台等媒体也来争相报道，"哈罗"啤酒厂免费做了这么多的广告。这则创意出现后的一年里，"哈罗"啤酒厂的销售产量提高了18倍，而林达也成了闻名布鲁塞尔的销售大师。

（佚名）

没有什么不可以改变

所以你看，世界上没有什么不可以改变，美好、快乐的事情会改变，痛苦、烦恼的事情也会改变，曾经以为不可改变的事，许多年后，你就会发现，其实很多事情都改变了。

整理旧物，偶然翻出几本过去的日记。日记本的纸张有些发黄了，字迹透着年少时的稚嫩，我随手拿起一本翻看。

"今天，老天，老师公布了期末成绩，我万万没有想到，自己竟然考了第

五名。这是我入学以来第一次没有考第一，我难过地哭了，晚饭也没有吃，我要惩罚自己，永远记住这一天，这是我一生最大的失败和痛苦。"

看到这，我自己忍不住笑了。我已经记不得当时的情景了。也难怪，自离开学校后这十几年所经历的失败与痛苦，哪一个不比当年没有考第一更重呢？

翻过这一页，再继续往下看。

"今天，我非常难过。我不知道妈妈为什么那样做？她究竟是不是我的亲妈妈？我真想离开她，离开这个家。过几天就要填报高考志愿了，我要全都报考外省的大学，离家远远的，我走了以后再不回这个家!"

看到这，我不禁有些惊讶，努力回忆当年，妈妈做了什么事让自己那么伤心难过，但是怎么想也想不起来。又翻了几页，都是些现在看来根本不算什么事可是在当时却感到"非常难过"、"非常痛苦"或是"非常难忘"的事。看了不觉好笑，我放下这本又拿起另一本，翻开，只见扉页上写道：献给我最爱的人———你的爱，将伴我一生! 我的爱，永远不会改变!

看了这一句，我的眼前模模糊糊浮现出那个同桌的他，曾经以为他就是我的全部生命，可是离开校门以后，我们就没有再见面，我不知道他现在在哪儿，在做什么。我只知道他的爱没有伴我一生，我的爱，也早已经改变。经历了许多的人，许多的事，到现在才明白：这个世界上，没有什么不可以改变。

曾经以为自己不会读低俗的武侠小说，现在才知道，武侠自有武侠的好，我的枕边每天都放着金庸和古龙的作品。

曾经以为只要好好爱一个人，就不会分手，现在才知道，你对他好，他也一样会爱别人。

曾经以为自己不会再爱上第二个人，可是现在，我正经历着一生中的第二次爱情，和第一次一样甜美，一样折磨人，一样沉迷，一样刻骨。

所以你看，世界上没有什么不可以改变，美好、快乐的事情会改变，痛苦、烦恼的事情也会改变，曾经以为不可改变的事，许多年后，你就会发现，其实很多事情都改变了。而改变最多的，竟是自己。不变的，只是小孩子美好天真的愿望罢了!

(佚名)

最大的幸福

　　他高高地抬起了头，像是个骄傲的快乐的人。因为他知道他已经尝到一些生活所能赐予人的最大的幸福。有很多人，可惜，连这一点也没有得到过。

　　最后一辆搬运车离去了；那位帽子上戴着黑纱的年轻房客还在空房子里徘徊，看看是否有什么东西遗漏了。没有，没有什么东西遗漏，没有什么了。他走到走廊上，决定再也不去回想他在这寓所中所遭遇的一切。但是在墙上，在电话机旁，有一张涂满字迹的小纸头。上面所记的字是好多种笔迹写的；有些很容易辨认，是用黑黑的墨水写的，有些是用黑、红和蓝铅笔草草写成的。这里记录了短短两年间全部美丽的罗曼史。他决心要忘却的一切都记录在这张纸上——半张小纸上的一段人生事迹。

　　他取下这张小纸。这是一张淡黄色有光泽的便条纸。他将它铺平在起居室的壁炉架上，俯下身去，开始读起来。

　　首先是她的名字：艾丽丝——他所知道的名字中最美丽的一个，因为这是他爱人的名字。旁边是一个电话号码，15，11——看起来像是教堂唱诗牌上圣诗的号码。

　　下面潦草地写着：银行，这里是他工作的所在，对他说来这神圣的工作意味着面包、住所和家庭——也就是生活的基础。有条粗粗的黑线划去了那电话号码，因为银行倒闭了，他在短时期的焦虑之后又找到了另一个工作。

　　接着是出租马车行和鲜花店，那时他们已订婚了，而且他手头很宽裕。

　　家具行，室内装饰商——这些人布置了他们这寓所。搬运车行——他们搬进来了。歌剧院售票处，50，50——他们新婚，星期日夜晚常去看歌剧。

在那里度过的时光是最愉快的。他们静静地坐着，心灵沉醉在舞台上神话境域的美及和谐里。

接着是一个男子的名字（已经被划掉了），一个曾经飞黄腾达的朋友，但是由于事业兴隆冲昏了头脑，以致又潦倒到无可救药的地步，不得不远走他乡。荣华富贵不过是过眼烟云罢了。

现在这对新婚夫妇的生活中出现了一个新东西。一个女子的铅笔笔迹写的"修女"。什么修女？哦，那个穿着灰色长袍、有着亲切和蔼的面貌的人，她总是那么温柔地到来，不经过起居室，而直接从走廊进入卧室。她的名字下面是 L 医生。

名单上第一次出现了一位亲戚——母亲。这是他的岳母。她一直小心地躲开，不来打扰这新婚的一对。但现在她受到他们的邀请，很快乐地来了，因为他们需要她。

以后是红蓝铅笔写的项目。佣工介绍所，女仆走了，必须再找一个。药房——哼，情况开始不妙了。牛奶厂——订牛奶了，消毒牛奶。杂货铺，肉铺等等，家务事都得用电话办理了。是这家女主人不在了吗？不，她生产了。

下面的项目他已无法辨认，因为他眼前一切都模糊了，就像溺死的人透过海水看到的那样。这里用清楚的黑体字记载着：承办人。

在后面的括号里写着"埋葬事"。这已足以说明一切！——一个大的和一个小的棺材。

埋葬了，再也没有什么了。一切都归于泥土，这是一切肉体的归宿。

他拿起这淡黄色的小纸，吻了吻，仔细地将它折好，放进胸前的衣袋里。

在这两分钟里他重又度过了他一生中的两年。

但是他走出去时并不是垂头丧气的。相反地，他高高地抬起了头，像是个骄傲的快乐的人。因为他知道他已经尝到一些生活所能赐予人的最大的幸福。有很多人，可惜，连这一点也没有得到过。

（佚名）

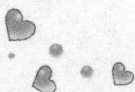